U0346677

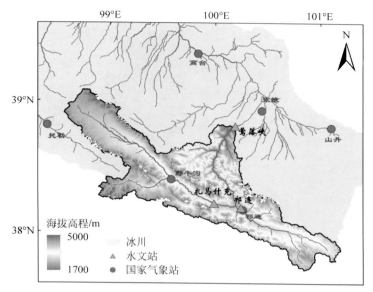

图 2-1 黑河上游流域高程分布及站点分布

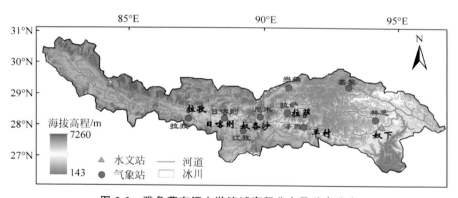

图 2-2 雅鲁藏布江上游流域高程分布及站点分布

图 3-3 地形平滑处理与子区域划分示意图

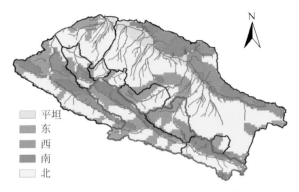

平坦
东
西
南
北

图 3-5　研究区域的子区域划分结果

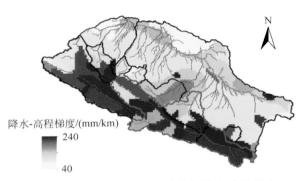

降水-高程梯度/(mm/km)

240

40

图 3-8　研究区域不同子区域的年降水-高程梯度

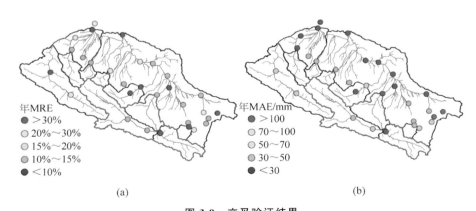

年MRE
● >30%
○ 20%~30%
○ 15%~20%
○ 10%~15%
● <10%

(a)

年MAE/mm
● >100
○ 70~100
○ 50~70
○ 30~50
● <30

(b)

图 3-9　交叉验证结果

（a）年均相对误差 MRE；（b）年均绝对误差 MAE

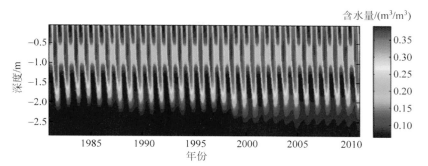

图 4-7　过去 30 年黑河上游流域多年冻土区土壤水分变化

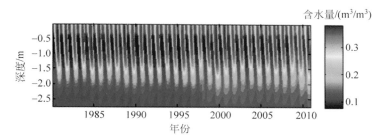

图 4-16　过去 30 年雅鲁藏布江上游流域多年冻土区土壤水分变化

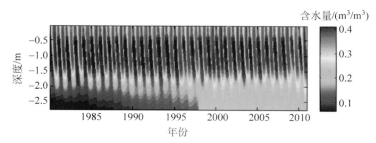

**图 4-17　过去 30 年雅鲁藏布江上游流域多年冻土退化区
土壤水分变化**

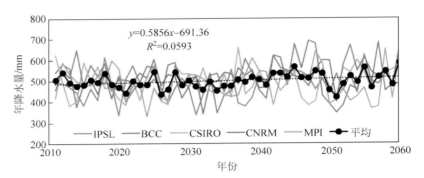

图 5-2　黑河上游流域不同气候情景下未来 50 年年降水变化

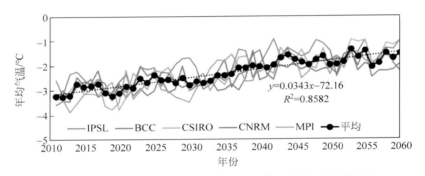

图 5-3　黑河上游流域不同气候情景下未来 50 年年均气温变化

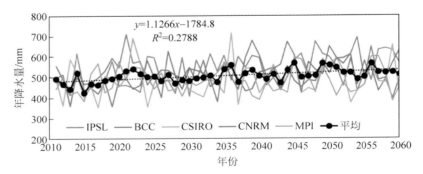

图 5-4　雅鲁藏布江上游流域不同气候情景下未来
50 年年降水变化

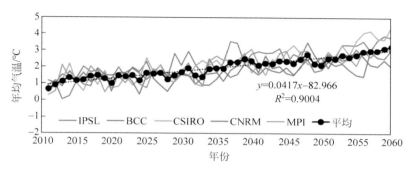

图 5-5　雅鲁藏布江上游流域不同气候情景下未来
50 年年均气温变化

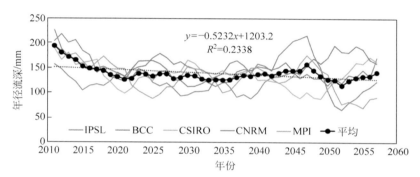

图 5-7　不同气候情景下未来 50 年模拟的年径流深的变化

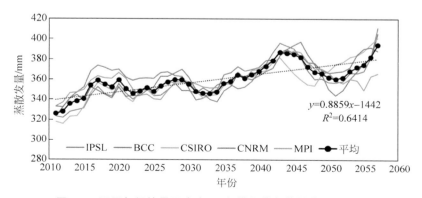

图 5-8　不同气候情景下未来 50 年模拟的年蒸散发量的变化

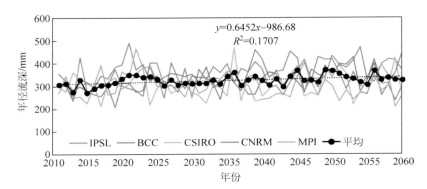

图 5-10　不同气候情景下未来 50 年模拟的年径流的变化

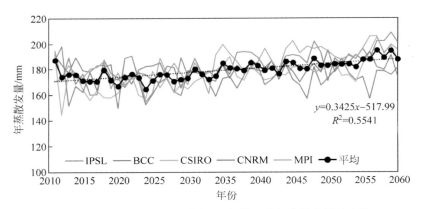

图 5-11　不同气候情景下未来 50 年模拟的年蒸散发量的变化

清华大学优秀博士学位论文丛书

青藏高原典型流域的
冻土水文变化模拟与分析

王宇涵（Wang Yuhan）著

Simulation and Analysis of Changes in Frozen Ground
and Hydrology in Typical Basins of the Tibetan Plateau

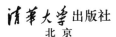
清华大学出版社
北 京

内容简介

本书以黑河上游和雅鲁藏布江上游为青藏高原北、南两个典型研究流域,基于分布式模型 GBEHM 模拟分析了过去 30 年气候变化下两个流域冻土变化与水文变化的规律,以及不同流域冻土变化对水文过程的影响。在此基础上,预测了未来 50 年气候情景下两个流域的冻土水文变化。此外,针对地形变化复杂、站点稀少的青藏高原地区发展了新的降水空间分布估计方法。

本书可供从事高原山区冻土水文研究及青藏高原地区水文水资源研究的高校和科研院所的师生及相关技术人员阅读参考。

图书在版编目(CIP)数据

青藏高原典型流域的冻土水文变化模拟与分析/王宇涵著. —北京:清华大学出版社,2022.3
(清华大学优秀博士学位论文丛书)
ISBN 978-7-302-59300-3

Ⅰ. ①青… Ⅱ. ①王… Ⅲ. ①青藏高原-流域-冻土-水文学-研究 Ⅳ. ①P642.14

中国版本图书馆 CIP 数据核字(2021)第 200851 号

责任编辑:王 倩
封面设计:傅瑞学
责任校对:王淑云
责任印制:宋 林

出版发行:清华大学出版社
　　　　　网　　　址:http://www.tup.com.cn,http://www.wqbook.com
　　　　　地　　　址:北京清华大学学研大厦 A 座　　　邮　　　编:100084
　　　　　社 总 机:010-83470000　　　　　邮　　　购:010-62786544
　　　　　投稿与读者服务:010-62776969,c-service@tup.tsinghua.edu.cn
　　　　　质量反馈:010-62772015,zhiliang@tup.tsinghua.edu.cn
印 装 者:三河市东方印刷有限公司
经　　销:全国新华书店
开　　本:155mm×235mm　　印张:9.25　　插页:3　　字数:160 千字
版　　次:2022 年 5 月第 1 版　　　　　　印次:2022 年 5 月第 1 次印刷
定　　价:79.00 元

产品编号:088138-01

一流博士生教育
体现一流大学人才培养的高度（代丛书序）^①

人才培养是大学的根本任务。只有培养出一流人才的高校，才能够成为世界一流大学。本科教育是培养一流人才最重要的基础，是一流大学的底色，体现了学校的传统和特色。博士生教育是学历教育的最高层次，体现出一所大学人才培养的高度，代表着一个国家的人才培养水平。清华大学正在全面推进综合改革，深化教育教学改革，探索建立完善的博士生选拔培养机制，不断提升博士生培养质量。

学术精神的培养是博士生教育的根本

学术精神是大学精神的重要组成部分，是学者与学术群体在学术活动中坚守的价值准则。大学对学术精神的追求，反映了一所大学对学术的重视、对真理的热爱和对功利性目标的摒弃。博士生教育要培养有志于追求学术的人，其根本在于学术精神的培养。

无论古今中外，博士这一称号都和学问、学术紧密联系在一起，和知识探索密切相关。我国的博士一词起源于 2000 多年前的战国时期，是一种学官名。博士任职者负责保管文献档案、编撰著述，须知识渊博并负有传授学问的职责。东汉学者应劭在《汉官仪》中写道："博者，通博古今；士者，辩于然否。"后来，人们逐渐把精通某种职业的专门人才称为博士。博士作为一种学位，最早产生于 12 世纪，最初它是加入教师行会的一种资格证书。19 世纪初，德国柏林大学成立，其哲学院取代了以往神学院在大学中的地位，在大学发展的历史上首次产生了由哲学院授予的哲学博士学位，并赋予了哲学博士深层次的教育内涵，即推崇学术自由、创造新知识。哲学博士的设立标志着现代博士生教育的开端，博士则被定义为独立从事学术研究、具备创造新知识能力的人，是学术精神的传承者和光大者。

---

① 本文首发于《光明日报》，2017 年 12 月 5 日。

博士生学习期间是培养学术精神最重要的阶段。博士生需要接受严谨的学术训练，开展深入的学术研究，并通过发表学术论文、参与学术活动及博士论文答辩等环节，证明自身的学术能力。更重要的是，博士生要培养学术志趣，把对学术的热爱融入生命之中，把捍卫真理作为毕生的追求。博士生更要学会如何面对干扰和诱惑，远离功利，保持安静、从容的心态。学术精神，特别是其中所蕴含的科学理性精神、学术奉献精神，不仅对博士生未来的学术事业至关重要，对博士生一生的发展都大有裨益。

独创性和批判性思维是博士生最重要的素质

博士生需要具备很多素质，包括逻辑推理、言语表达、沟通协作等，但是最重要的素质是独创性和批判性思维。

学术重视传承，但更看重突破和创新。博士生作为学术事业的后备力量，要立志于追求独创性。独创意味着独立和创造，没有独立精神，往往很难产生创造性的成果。1929 年 6 月 3 日，在清华大学国学院导师王国维逝世二周年之际，国学院师生为纪念这位杰出的学者，募款修造"海宁王静安先生纪念碑"，同为国学院导师的陈寅恪先生撰写了碑铭，其中写道："先生之著述，或有时而不章；先生之学说，或有时而可商；惟此独立之精神，自由之思想，历千万祀，与天壤而同久，共三光而永光。"这是对于一位学者的极高评价。中国著名的史学家、文学家司马迁所讲的"究天人之际，通古今之变，成一家之言"也是强调要在古今贯通中形成自己独立的见解，并努力达到新的高度。博士生应该以"独立之精神、自由之思想"来要求自己，不断创造新的学术成果。

诺贝尔物理学奖获得者杨振宁先生曾在 20 世纪 80 年代初对到访纽约州立大学石溪分校的 90 多名中国学生、学者提出："独创性是科学工作者最重要的素质。"杨先生主张做研究的人一定要有独创的精神、独到的见解和独立研究的能力。在科技如此发达的今天，学术上的独创性变得越来越难，也愈加珍贵和重要。博士生要树立敢为天下先的志向，在独创性上下功夫，勇于挑战最前沿的科学问题。

批判性思维是一种遵循逻辑规则、不断质疑和反省的思维方式，具有批判性思维的人勇于挑战自己，敢于挑战权威。批判性思维的缺乏往往被认为是中国学生特有的弱项，也是我们在博士生培养方面存在的一个普遍问题。2001 年，美国卡内基基金会开展了一项"卡内基博士生教育创新计划"，针对博士生教育进行调研，并发布了研究报告。该报告指出：在美国和欧洲,培养学生保持批判而质疑的眼光看待自己、同行和导师的观点同样非常不容易,批判性思维的培养必须成为博士生培养项目的组成部分。

对于博士生而言,批判性思维的养成要从如何面对权威开始。为了鼓励学生质疑学术权威、挑战现有学术范式,培养学生的挑战精神和创新能力,清华大学在 2013 年发起"巅峰对话",由学生自主邀请各学科领域具有国际影响力的学术大师与清华学生同台对话。该活动迄今已经举办了 21期,先后邀请 17 位诺贝尔奖、3 位图灵奖、1 位菲尔兹奖获得者参与对话。诺贝尔化学奖得主巴里·夏普莱斯(Barry Sharpless)在 2013 年 11 月来清华参加"巅峰对话"时,对于清华学生的质疑精神印象深刻。他在接受媒体采访时谈道:"清华的学生无所畏惧,请原谅我的措辞,但他们真的很有胆量。"这是我听到的对清华学生的最高评价,博士生就应该具备这样的勇气和能力。培养批判性思维更难的一层是要有勇气不断否定自己,有一种不断超越自己的精神。爱因斯坦说:"在真理的认识方面,任何以权威自居的人,必将在上帝的嬉笑中垮台。"这句名言应该成为每一位从事学术研究的博士生的箴言。

提高博士生培养质量有赖于构建全方位的博士生教育体系

一流的博士生教育要有一流的教育理念,需要构建全方位的教育体系,把教育理念落实到博士生培养的各个环节中。

在博士生选拔方面,不能简单按考分录取,而是要侧重评价学术志趣和创新潜力。知识结构固然重要,但学术志趣和创新潜力更关键,考分不能完全反映学生的学术潜质。清华大学在经过多年试点探索的基础上,于 2016年开始全面实行博士生招生"申请-审核"制,从原来的按照考试分数招收博士生,转变为按科研创新能力、专业学术潜质招收,并给予院系、学科、导师更大的自主权。《清华大学"申请-审核"制实施办法》明晰了导师和院系在考核、遴选和推荐上的权力和职责,同时确定了规范的流程及监管要求。

在博士生指导教师资格确认方面,不能论资排辈,要更看重教师的学术活力及研究工作的前沿性。博士生教育质量的提升关键在于教师,要让更多、更优秀的教师参与到博士生教育中来。清华大学从 2009 年开始探索将博士生导师评定权下放到各学位评定分委员会,允许评聘一部分优秀副教授担任博士生导师。近年来,学校在推进教师人事制度改革过程中,明确教研系列助理教授可以独立指导博士生,让富有创造活力的青年教师指导优秀的青年学生,师生相互促进、共同成长。

在促进博士生交流方面,要努力突破学科领域的界限,注重搭建跨学科的平台。跨学科交流是激发博士生学术创造力的重要途径,博士生要努力提升在交叉学科领域开展科研工作的能力。清华大学于 2014 年创办了"微沙龙"平台,同学们可以通过微信平台随时发布学术话题,寻觅学术伙伴。3 年来,博士生参与和发起"微沙龙"12 000 多场,参与博士生达 38 000 多人次。"微沙龙"促进了不同学科学生之间的思想碰撞,激发了同学们的学术志趣。清华于 2002 年创办了博士生论坛,论坛由同学自己组织,师生共同参与。博士生论坛持续举办了 500 期,开展了 18 000 多场学术报告,切实起到了师生互动、教学相长、学科交融、促进交流的作用。学校积极资助博士生到世界一流大学开展交流与合作研究,超过 60% 的博士生有海外访学经历。清华于 2011 年设立了发展中国家博士生项目,鼓励学生到发展中国家亲身体验和调研,在全球化背景下研究发展中国家的各类问题。

在博士学位评定方面,权力要进一步下放,学术判断应该由各领域的学者来负责。院系二级学术单位应该在评定博士论文水平上拥有更多的权力,也应担负更多的责任。清华大学从 2015 年开始把学位论文的评审职责授权给各学位评定分委员会,学位论文质量和学位评审过程主要由各学位分委员会进行把关,校学位委员会负责学位管理整体工作,负责制度建设和争议事项处理。

全面提高人才培养能力是建设世界一流大学的核心。博士生培养质量的提升是大学办学质量提升的重要标志。我们要高度重视、充分发挥博士生教育的战略性、引领性作用,面向世界、勇于进取,树立自信、保持特色,不断推动一流大学的人才培养迈向新的高度。

邱勇

清华大学校长

2017 年 12 月 5 日

丛书序二

以学术型人才培养为主的博士生教育,肩负着培养具有国际竞争力的高层次学术创新人才的重任,是国家发展战略的重要组成部分,是清华大学人才培养的重中之重。

作为首批设立研究生院的高校,清华大学自 20 世纪 80 年代初开始,立足国家和社会需要,结合校内实际情况,不断推动博士生教育改革。为了提供适宜博士生成长的学术环境,我校一方面不断地营造浓厚的学术氛围,一方面大力推动培养模式创新探索。我校从多年前就已开始运行一系列博士生培养专项基金和特色项目,激励博士生潜心学术、锐意创新,拓宽博士生的国际视野,倡导跨学科研究与交流,不断提升博士生培养质量。

博士生是最具创造力的学术研究新生力量,思维活跃,求真求实。他们在导师的指导下进入本领域研究前沿,吸取本领域最新的研究成果,拓宽人类的认知边界,不断取得创新性成果。这套优秀博士学位论文丛书,不仅是我校博士生研究工作前沿成果的体现,也是我校博士生学术精神传承和光大的体现。

这套丛书的每一篇论文均来自学校新近每年评选的校级优秀博士学位论文。为了鼓励创新,激励优秀的博士生脱颖而出,同时激励导师悉心指导,我校评选校级优秀博士学位论文已有 20 多年。评选出的优秀博士学位论文代表了我校各学科最优秀的博士学位论文的水平。为了传播优秀的博士学位论文成果,更好地推动学术交流与学科建设,促进博士生未来发展和成长,清华大学研究生院与清华大学出版社合作出版这些优秀的博士学位论文。

感谢清华大学出版社,悉心地为每位作者提供专业、细致的写作和出版指导,使这些博士论文以专著方式呈现在读者面前,促进了这些最新的优秀研究成果的快速广泛传播。相信本套丛书的出版可以为国内外各相关领域或交叉领域的在读研究生和科研人员提供有益的参考,为相关学科领域的发展和优秀科研成果的转化起到积极的推动作用。

感谢丛书作者的导师们。这些优秀的博士学位论文，从选题、研究到成文，离不开导师的精心指导。我校优秀的师生导学传统，成就了一项项优秀的研究成果，成就了一大批青年学者，也成就了清华的学术研究。感谢导师们为每篇论文精心撰写序言，帮助读者更好地理解论文。

感谢丛书的作者们。他们优秀的学术成果，连同鲜活的思想、创新的精神、严谨的学风，都为致力于学术研究的后来者树立了榜样。他们本着精益求精的精神，对论文进行了细致的修改完善，使之在具备科学性、前沿性的同时，更具系统性和可读性。

这套丛书涵盖清华众多学科，从论文的选题能够感受到作者们积极参与国家重大战略、社会发展问题、新兴产业创新等的研究热情，能够感受到作者们的国际视野和人文情怀。相信这些年轻作者们勇于承担学术创新重任的社会责任感能够感染和带动越来越多的博士生，将论文书写在祖国的大地上。

祝愿丛书的作者们、读者们和所有从事学术研究的同行们在未来的道路上坚持梦想，百折不挠！在服务国家、奉献社会和造福人类的事业中不断创新，做新时代的引领者。

相信每一位读者在阅读这一本本学术著作的时候，在吸取学术创新成果、享受学术之美的同时，能够将其中所蕴含的科学理性精神和学术奉献精神传播和发扬出去。

清华大学研究生院院长

2018 年 1 月 5 日

导师序言

　　青藏高原是我国多条重要河流的发源地，流域水文变化对区域水资源可持续利用具有重要影响。受到全球气候变化的广泛影响，持续升温导致青藏高原冻土显著退化，而冻土变化进一步影响高原水文过程和水资源。深入理解冻土退化对流域水文过程的影响，对合理估计未来青藏高原江河源区的径流变化趋势，从而制定区域水资源可持续利用规划具有重要理论意义和应用价值。近年来，越来越多的国内外研究聚焦于气候变化下的高寒山区水文过程演变及其水资源效应。

　　王宇涵的博士学位论文针对气候变化下青藏高原不同典型流域的冻土水文变化，旨在揭示冻土水文过程机理和变化规律。该研究选择位于青藏高原北、南的黑河流域和雅鲁藏布江流域，开发了针对高原复杂地形条件的降水空间分布估计方法，采用分布式生态水文模型（geomorphology based eco-hydrological model，GBEHM），通过数值模拟分析了两个典型流域在过去 30 年间的冻土与水文变化规律，对比了两个流域冻土变化的水文效应，预测了未来气候情景下的冻土水文变化。该研究取得了对气候变化下青藏高原冻土水文变化的新认识，对未来青藏高原冻土水文研究具有重要参考意义；揭示了未来气候情景下青藏高原冻土水文变化趋势，可为流域的水资源规划提供重要借鉴。此外，针对地面气象观测站点稀少的问题，提出了基于贝叶斯原理的卫星遥感降水数据和地面站点观测降水数据的融合方法，更合理地估计了青藏高原地区降水空间分布，为青藏高原地区气象水文研究提供了可靠的降水数据。

　　该书全面介绍了上述研究的思路、采用的方法和模型及详细的结果分析等，内容翔实，可为研究生和科研工作者提供有益参考。

杨大文

清华大学水利系

2020 年 5 月

摘　要

　　在全球气候变化背景下,青藏高原升温导致冻土显著退化,而冻土变化进一步影响高原的水文过程。作为亚洲众多大江大河的发源地,青藏高原的水文变化对区域水资源可持续利用具有重要影响。深入理解冻土退化对流域水文过程的影响,对合理估计未来青藏高原江河源区的径流变化趋势,从而制定区域水资源可持续利用规划具有重要意义。本书基于数值模拟分析了青藏高原典型流域在过去 30 年间的冻土与水文变化规律,对比了不同流域冻土变化对水文过程的影响,并预测了未来 50 年气候情景下典型流域的冻土水文变化。本书还针对高原地形复杂、气象站点稀少的特点,发展了基于多源数据的降水空间分布估计方法。

　　雅鲁藏布江上游和黑河上游分别为青藏高原南、北两个典型流域,本书对比分析了两个流域冻土水文特征的异同。在雅鲁藏布江上游构建分布式水文模型 GBEHM,基于站点观测数据对冻土和径流等模拟结果进行了验证。基于水文模拟结果分析了降水、气温、冻土等要素变化对流域水文过程的影响。

　　针对青藏高原地形复杂和站点稀少的特点,本书提出了多源降水数据融合方法。该方法基于遥感观测和气候模式输出等降水数据估计降水-高程关系,并基于站点数据进行校正,可以更合理地估计降水的空间分布。在站点稀少的条件下,降水-高程关系估计的不确定性可能较大,为此本书采用贝叶斯统计方法估计融合降水的不确定性。上述降水融合方法在青藏高原地区进行了应用,基于交叉验证、独立站点验证等分析,阐述了降水融合方法的应用效果。

　　研究结果表明,过去 30 年黑河上游和雅鲁藏布江上游降水和气温均呈现显著增加趋势,冻土均呈现显著退化趋势。冻土退化对水文过程的影响主要产生在多年冻土区和多年冻土退化区,影响机理为多年冻土活动层厚度增加及多年冻土退化导致流域蓄水容量增加,从而减少蓄满产流。在黑河上游,由于多年冻土比例高,冻土退化使得径流呈现显著减小趋势;而在雅鲁藏布江上游，由于主要分布着季节性冻土，冻土退化对径流的影响较小。

针对未来 50 年黑河上游和雅鲁藏布江上游的冻土变化和水文过程变化的预测结果表明，两个典型流域的冻土将进一步退化，并进一步导致其径流呈现减少趋势。对比过去和未来径流变化对气温升高及冻土退化的敏感程度的差异，发现未来由于气温上升导致的冻土退化对径流的影响程度将更加剧烈。

关键词：青藏高原；冻土退化；径流变化；分布式水文模型；多源降水融合

Abstract

Due to the global warming, the frozen ground of the Tibetan Plateau has been significantly degraded, and the changes of the frozen ground have further affected the hydrological processes of the plateau. As the headwater of many large rivers in Asia, the runoff changes in the Tibetan Plateau have important impacts on regional economic development. Thorough understandings of the responses of frozen ground to climate change and the impact of frozen ground changes on hydrological processes are of great significance to the rational estimation of the future runoff trends of the rivers located in the Tibetan Plateau, and the regional water resources sustainable development. Based on a distributed hydrological model, this book simulated and analyzed the changes of frozen ground and hydrological processes over the past 30 years in two typical basins of the Tibetan Plateau, and the effects of frozen ground changes on hydrological processes were compared for different basins as well. Then the frozen ground changes and their hydrological impacts in the two basins under the climate scenario in the future 50 years were predicted. In addition, the book developed precipitation spatial distribution estimation methods based on multi-source data for the plateau with complex terrain and sparse ground gauges.

The upper reaches of the Yarlung Zangbo River and the upper reaches of the Heihe River are two typical basins, which are located in the south and north of the Tibetan Plateau, respectively. The similarities and differences of the frozen ground and hydrological characteristics in the two basins were compared. The distributed hydrological model GBEHM was established in the upper reaches of the Yarlung Zangbo River. The simulation results of frozen grounds and runoff processes were verified based on gauge observations. Based on simulation results, the effects of the changes in precipitation, temperature, frozen ground and other factors on the hydrological process of the basin were analyzed.

To estimate the spatial distribution of precipitation in the Tibetan Plateau with complex terrain and sparse ground gauges, this book proposed a multi-source precipitation data assimilation method. The method estimated precipitation-elevation relationship based on the reference precipitation data such as satellite remote sensing or climate model output, to make the estimation the spatial distribution of precipitation more reasonably. The precipitation-elevation relationship were corrected based on ground gauge observations since the reference precipitation data may be uncertain. If the ground gauges in the study region were not sufficient to correct the relationship, the precipitation data assimilation method based on Bayesian model was used to estimate the uncertainties of the assimilated precipitation. The assimilation methods were applied in the Tibetan Plateau. Based on cross-validation, independent gauge verification and other indices and methods, the methods were validated to be reasonable to estimate the spatial distribution of precipitation in the plateau basins.

The precipitation and temperature in the upper reaches of the Heihe River Basin and the Yarlung Zangbo River have increased significantly over the past 30 years. The frozen ground in the two basins showed a significant degradation trend in the past 30 years. The effects of frozen ground degradation on hydrological processes were mainly in permafrost regions and permafrost degraded regions. The mechanism is that the thickness of the active layer of the permafrost increases and the permafrost degradation lead to an increase in the water storage capacity of the basin, which futhermore reduces the saturation-excess runoff. Due to the large proportion of permafrost in the upper reaches of the Heihe River, the runoff showed a significant decrease trend due to the frozen ground degradation; while the upper reaches of the Yarlung Zangbo River mainly distributed seasonal frozen ground, the degradation of frozen ground had less impact on river runoff.

The changes in frozen grounds and hydrological processes in the two typical basins over the next 50 years showed that the frozen ground in the two basins will be further degraded, which lead to runoff decreases. Comparing the differences in the sensitivities of past and future runoff changes to temperature and frozen ground changes, it is found that runoff changes would be more sensitive to temperature rise and frozen ground degradation in the future.

Key words: the Tibetan Plateau; frozen ground degradation; runoff change; distributed hydrological model; multi-source precipitation data assimilation

主要符号对照表

ADW   距离方向权重法(angular distance weighting method)

BCSD   偏差校正和空间降尺度(bias correction and spatial downscaling)

DAAE   日均绝对误差(daily averaged absolute error)

DEM   数字高程模型(digital elevation model)

FPAR   光合有效辐射(fraction of photosynthetically active radiation)

GBEHM   基于地貌学的生态水文模型(geomorphology-based eco-hydrological model)

GCM   大气环流模型(general circulation model)

LAI   叶面积指数(leaf area index)

MAAE   月均绝对误差(monthly averaged absolute error)

MTSFG   季节性冻土最大冻结深度(maximum thickness of seasonally frozen ground)

NSE   纳什效率系数(Nash-Sutcliffe efficiency)

R^2 决定系数

RCM   区域气候模型(regional climate model)

RMSE   均方根误差(root mean square error)

目　录

第1章 绪 论

1.1 研究背景与意义

青藏高原被誉为"世界屋脊",是亚洲许多大江大河的发源地,为中国和东南亚国家数以亿计的人口提供了宝贵的淡水资源(Immerzeel et al.,2010;Cuo et al.,2014)。青藏高原各河流源区的径流变化对区域经济生态具有重要影响(Cheng and Wu,2007;Yang et al.,2010;Wu et al.,2013;Zheng et al.,2018)。在过去几十年间,由于气候变化,尤其是气温持续升高,青藏高原各流域的河川径流量有着不同的变化趋势。例如,位于青藏高原东部的黄河源地区和长江源地区,近年来河川径流量呈现显著的减少趋势(Zheng et al.,2009;Yang et al.,2011;Cheng and Jin,2013;Qiu,2012);而在青藏高原北部的塔里木河源区,以及青藏高原东北部的祁连山区,近年来河川径流量却具有增加趋势(程国栋和金会军,2013)。不同河流径流的变化趋势在未来会持续还是会改变?为制定未来区域水资源可持续利用规划,合理估计未来青藏高原各江河源区的河川径流变化趋势具有重要意义。

冻土指温度在 0℃ 以下时地下冻结的土壤或岩石层。青藏高原地区由于高海拔和气温低而广泛分布着冻土。土壤冻结层的存在会影响土壤的导水性和导热性,进而影响流域的水文过程和生态过程(Woo et al.,2008;牛丽 等,2011;Gao et al.,2018a;秦越,2018)。由于冻土的存在,相比其他无冻土地区,青藏高原地区对于气候变化(尤其是气温升高)更加敏感。近几十年来,气候变化对青藏高原的冻土产生了重要且深远的影响。研究表明,在全球升温的背景下,青藏高原的冻土有明显的退缩现象。在过去 30 年间,青藏高原的多年冻土面积由 1.50×10^6 km^2 缩减为 1.05×10^6 km^2,约减少了 30%(Cheng and Jin,2013)。大量研究表明,全球气候的变暖趋势在未来数十年仍会持续(Osterkamp,2005;Harris et al.,2009;Romanovsky et al.,2010;Zhu et al.,2013a;Su et al.,2016),因此,未来青藏高原冻土退化的趋势仍可能持续,甚至会加速(程国栋和金会军,2013)。

以往研究表明,冻土的变化会对流域水文过程产生重要影响(Bosson et al.,2012;姚檀栋 等,2013;Cuo et al.,2014)。冻土由于自身的低渗透性,其冻结和消融会影响土壤水的下渗过程,进而影响流域的水文过程。例如,冻结层的融化会增加土壤水下渗及土壤水热交换速率;融化水会增加土壤液态水含量;季节性的土壤冻融循环会导致年内土壤含水量与土壤导水率等要素发生改变等。以往研究表明,冻土退化会改变土壤水分含量、土壤蓄水容量、地表反照率等陆地水文要素(张廷军,2012;Cuo et al.,2015)。这些变化会影响流域的水热交换过程,进而影响流域的水文过程、生态条件甚至大气条件等。因此,在探究青藏高原不同流域水文过程变化时,明晰冻土变化对水文过程的影响十分重要。

我国对于青藏高原地区冻土的相关研究自 20 世纪 70 年代起逐步开展。为了厘清青藏高原冻土对基建工程的影响,相关研究者在青藏公路和青藏铁路沿线开设了一系列钻孔,对冻土的冻结深度及力学性质等要素进行观测。40 多年来,随着相关研究的不断发展,目前已对青藏高原冻土的空间分布、物理特性等要素有了较为广泛的认识(吴吉春 等,2007;Cheng and Wu,2007;Cheng et al.,2008;金会军 等,2010;Cheng and Jin,2013)。然而,当前对于冻土变化对气候变化的响应,以及冻土变化对水文过程影响的研究仍然较为匮乏。到目前为止,对于冻土与水文相互作用的研究大多采用相关分析的方法。这种方法缺少物理机制,难以明晰冻土变化对水文过程影响的机理(Liu and Wang,2012;Woo,2012)。

因此,为了更合理地预测未来气候变化下青藏高原各江河源区的河川径流变化趋势,需要深入理解流域冻土对气候变化的响应,以及冻土变化对流域水文过程(尤其是径流过程)的影响。由于不同流域的冻土水文条件有所不同,不同流域的气候变化和冻土变化对径流变化的影响也可能有所差异。因此,为了明晰青藏高原不同流域过去几十年径流变化的原因,并基于此预测未来的径流变化趋势,需要深入理解气候和冻土变化对径流变化影响的机理,以及在不同流域不同冻土水文条件下冻土变化对径流变化影响的异同。

综上所述,为了合理估计未来青藏高原各江河源区的径流变化趋势,从而制定未来区域水资源可持续利用规划,迫切需要开展新的研究,以回答以下问题:

(1)过去几十年气候变化下青藏高原不同典型流域的水文过程(尤其是径流过程)有着怎样的变化趋势?变化的原因是怎样的?

（2）气候变化下青藏高原不同典型流域的冻土时空变化规律是怎样的？不同典型流域不同冻土水文条件下的冻土变化对径流变化的影响机理和影响程度是否相同？

（3）未来气候情景下，青藏高原不同典型流域的冻土变化和水文过程变化的趋势是否会发生改变？

1.2 国内外研究现状

随着气候变暖不断加剧，青藏高原的冻土变化已经开始改变流域的生态和水文过程，进而对区域内自然系统和人类活动造成显著的影响。目前，越来越多的人关注到冻土变化对流域水文过程的影响，相关问题也逐渐成为水文学研究领域的热点。

本节将阐述寒区流域冻土变化及其对水文过程影响的研究现状，明确存在的关键问题，并讨论相关研究中存在的不足。

1.2.1 青藏高原冻土的历史变化

在过去 40 多年间，青藏高原温度呈现显著上升趋势，且升温幅度比全球平均升温速率更高（柏露，2012）。在此背景下，青藏高原不同地区的冻土有明显的退化现象。

自 20 世纪 70 年代起至今，以往的研究对青藏高原冻土变化的认识主要来自于地面钻孔对冻土的观测。青藏高原冻土观测钻孔主要分布在铁路公路沿线（包括青藏铁路、青康公路等）及黄河源区、祁连山区、西昆仑山等地区（Cheng et al.，2007；吴吉春 等，2007；金会军 等，2010；南卓铜 等，2013）。钻孔观测数据表明，在过去 30 多年间，青藏高原不同地区的冻土均有所退化。其中，在 20 世纪 80 年代中期至 90 年代中期的 10 年间，冻土退化最为显著（Jin et al.，2011）。总体上，过去 30 多年间青藏高原多年冻土面积减少了约 30%（Cheng and Jin，2013）。就不同区域来说，青藏高原的边缘地区（包括东部的江河源区及东北部的祁连山区等地区）的冻土退化速率要比中部及西部地区更快（Jin et al.，2011；Ran et al.，2012）。这说明青藏高原冻土退化具有空间变异性，在不同气象、地理位置及冻土存在形式的条件下，冻土退化的幅度有所差异。

冻土的退化具有多种表现形式，包括多年冻土退化为季节性冻土、多年冻土活动层增厚、季节性冻土最大冻结深度减小、冻土融化日数增加、开始融化的日期提前、开始冻结的日期推后等（Jin and Li，2009；Wu and Zhang，2008，2010；吴吉春 等，2009；张中琼和吴青柏，2012；罗贤 等，2017）。青藏公路沿线的钻孔观测数据表明，当地冻土的存在形式基本为多年冻土，在 1995—2007 年间，该地区多年冻土的活动层厚度以平均 7.5 cm/a 的速率快速增加，不同区域的多年冻土下界的海拔高程在过去 20 年内升高了 25～80 m（Wu and Zhang，2010；Cheng and Wu，2007）。吴吉春等（2009）基于青藏高原几个典型地区的钻孔观测数据进行分析，发现青藏高原多年冻土退化表现为多年冻结层不断消融直至冻结层完全消失，而冻结层消融的形式在不同地区有所不同，主要分为自上而下消融和自下而上消融两种形式。上述基于钻孔观测数据的研究表明了青藏高原不同地区的冻土退化具有不同的速率和表现形式。然而，由于钻孔数据仅限于点尺度的观测，且钻孔数目十分有限，仅依赖于钻孔观测难以体现出青藏高原地区冻土退化的空间变异性。而由于青藏高原的各个江河源区基本均位于青藏高原的边缘地区，冻土的时空变化比中部地区更为明显，仅仅依赖少数点尺度的观测更难以体现流域整体的冻土退化的时空变化特征。因此，为明晰各个流域冻土变化对径流的影响，需要在流域尺度上深入理解冻土的时空变化。

近年间，随着遥感观测的逐渐发展及水文模型的日趋完善，区域（流域）尺度的冻土研究开始发展。基于探地雷达技术，Wu et al.（2005）观测了青藏高原北部的冻土分布，发现该地区多年冻土下界升高了 25 m 左右。Gao et al.（2018a）利用数值模型，在青藏高原东北部祁连山区的黑河流域上游模拟了过去 50 年气候变化下流域的冻土变化，结果表明黑河上游流域过去 50 年冻土退化显著，冻土退化主要表现为多年冻土面积减少（退化为季节性冻土）、多年冻土活动层厚度增加及季节性冻土最大冻结深度减少。Qin et al.（2016，2017，2018）利用经验公式、数值模型等方法估计了黄河源区和祁连山区的冻土时空变化，结果同样表明冻土退化表现为多年冻土的萎缩及季节性冻土最大活动深度的减小，以及冻土融化日提前等。然而总体上，目前流域尺度的冻土长期时空变化规律分析仍然较为匮乏，对气候变化下流域冻土的响应的理解仍然不够深入。此外，以往研究缺乏不同流域的对比分析，难以判断不同气候、地理位置、下垫面条件下的冻土变化趋势与冻土退化的表现形式是否相同。

1.2.2　冻土变化对水文过程的影响

冻土的冻结与融化过程通过影响土壤中的水分含量及水分传输过程，

进而对水文过程产生影响。以往研究表明,冻土退化会改变产汇流机制从而影响流域的径流量,其影响直接或间接体现在年径流量、径流季节分配和径流成分等方面的变化(Woo et al. ,2008;牛丽 等,2011;Gao et al. ,2018a)。例如,冻土层作为不透水或低透水层,会阻挡地表水的下渗,造成更多的地表产流及更少的壤中流和地下径流,从而改变径流成分(Woo et al. ,2008)。而当冻土退化时,冻结层的变浅甚至消失,会显著增加土壤的蓄水容量及土壤的渗透性,使得更多的地表水下渗至深层土壤和地下含水层,进而减少地表径流,增加壤中流和地下径流(Bense et al. ,2012;Lawrence et al. ,2015)。径流成分的改变会进一步导致径流的季节分配发生变化。地表径流的减少及基流的增加会导致流域径流在年内分配更加均匀,干旱季的径流(通常为基流)有所增加。例如,在我国天山地区的玛纳斯河流域及北极地区的叶尼塞河流域等冻土广泛分布的流域,均观测到干旱季径流的上升(Yang et al. ,2004;刘景时 等,2006;Walvoord and Striegl,2007;秦越,2018)。陆胤昊等(2013)在中国东北部的海拉尔河的研究也表明,冻土退化会影响流域冬季的退水过程。除了影响径流过程以外,也有研究认为冻土退化可能会导致湖泊变化及地下水位的变化(Cheng and Wu,2007)。

在青藏高原地区,Cuo et al. (2015)通过对站点尺度的土壤冻融过程的模拟及与土壤水分相关关系的分析研究,认为青藏高原的冻土退化会导致地表水文循环增快。牛丽等(2011)基于径流量和气温数据分析了青藏高原东北部内陆河流域(疏勒河、黑河、石羊河)河川径流与负积温之间的相关关系,认为冻土退化会影响冬季的退水过程。Gao et al. (2018a)同样在黑河上游流域分析了冻土变化对流域水文过程的影响,认为冻土退化导致了土壤下渗的增加及冻结季径流的增加。Gao et al. (2018b)通过在黑河上游俄博岭实验流域的实验观测研究,认为多年冻土活动层厚度变化会改变流域的产流机制。Qin et al. (2017;2018)通过对在黄河源区的季节性冻土最大冻结深度和径流数据序列的相关分析,认为黄河源区冻土退化会增加土壤水含量;此外,冻土退化可能影响流域的径流系数,使其减小。在长江流域的研究同样表明,冻土退化会使得多年冻土活动层增厚,从而导致长江源径流的减少。该研究指出,当多年冻土活动层厚度高于 60 cm 时,厚度的继续增加会减少流域的径流量,其机理可能是由于活动层增厚使得更多的地表水下渗至土壤中,从而减少了地表径流(Qiu,2012)。

总体来说,上述在青藏高原地区的冻土水文研究均表明青藏高原的冻土退化会增加土壤水下渗,并会对径流产生影响。然而,现有的研究大多基于冻土变化和径流变化序列进行相关关系分析,而缺少冻土变化对水文过程影响机理的深入认识。此外,流域尺度上冻土变化对水文过程的影响研究仍然较少,冻土变化对流域水文过程(尤其是径流)的影响机理与影响程度仍没有较为完善的认识。另外,由于缺少不同流域的对比分析,不同冻土水文条件下冻土变化对水文过程的影响是否相同也不明晰,需要进一步的研究。

1.2.3   冻土变化及其水文影响的研究方法

青藏高原属于高寒地区,气候恶劣,地形复杂,冻土的观测站点(钻孔)数目有限,且站点观测存在时间和空间不连续的局限性,难以全面揭示青藏高原冻土退化的时空变化特征。为深入理解不同流域冻土变化对河川径流的影响,需要从流域尺度上分析冻土的时空变化。

基于模型模拟的方法是以往研究中分析流域尺度冻土变化的最常用的工具,而冻土模型主要分为经验模型及基于物理机制的过程模型两大类。常用的经验模型包括 Stefan 模型、Kudryavtsev 模型、TTOP 模型等(Stefan,1891;Lunardini,1981;Li and Koike,2003;Riseborough et al.,2008)。其中,Stefan 模型建立了温度(负积温)与季节性冻土最大冻结深度或多年冻土活动层厚度的相关关系,在青藏高原点尺度或流域尺度的冻土研究中最为常见。Peng et al.(2017)基于 Stefan 模型模拟了全国所有气象站位置处的季节性冻土冻结深度的变化,结果表明过去几十年我国季节性冻土冻结深度显著减小,在全国大部分地区的减小幅度为 0~4 cm/(10a)。张中琼和吴青柏(2012)基于 Stefan 模型模拟预测了青藏高原未来气候变化下的多年冻土活动层变化趋势,认为未来活动层厚度将显著增厚,自 2010 年起至2050 年,活动层厚度将增加 0.2~0.5 m 甚至更多。Wang et al.(2015)基于Stefan 模型模拟了黑河上游季节性冻土的最大冻结深度,结果同样表明从1960 至 2000 年季节性冻土最大冻结深度以 4 cm/(10a)的速率减少;除此以外,冻土的退化还表现在秋季的冻结开始期逐渐推后,夏季的融化开始期逐步提前,平均冻土每年冻结时长以平均每 10 年减少 6 天的速率缩短。Qin et al.(2016)在 Stefan 公式的基础上,考虑了土壤水分变化对土壤导热系数的影响,模拟了祁连山区过去 50 余年的季节性冻土最大冻结深度变化,结果表明季节性冻土最大冻结深度以 7.4 cm/(10a)的速率减小,而不同高程区间的减小速率有所不同。南卓铜等(2013)在 Stefan 模型的基础上,建立了扩展冻结数模型(E-FROSTNUM),并模拟了青藏高原西部地区多年冻土下限深度的变化情况,表明青藏高原西部区域多年冻土下限深度由西北向东南逐渐变浅。除 Stefan 模型以外,Pang et al. (2009)基于 Kudryavtsev 模型模拟计算了青藏高原多年冻土的活动层厚度,模拟结果与青藏公路沿线的钻孔实测结果相近;Wang et al. (2018a)基于 TTOP 模型模拟了黄河源区多年冻土的空间分布,其结果基于钻孔观测数据得到了验证。总体来说,经验模型结构简单,通常仅采用单因子参数(温度),数据易于获取。然而,也正是由于经验模型通常仅考虑温度的影响,过于简化,使得计算精度较低。此外,经验模型大多只能估计年尺度的多年冻土活动层厚度或季节性冻土最大冻结深度的变化,而不能估计年内的冻土的动态变化过程。最重要的是,经验模型不能考虑冻土与水文过程的相互关系,缺乏物理意义,难以应用于冻土变化对水文过程的影响分析。

过程模型基于物理方程计算土壤水-热耦合传输过程,并采用数值解法,模拟计算不同气候情景下的冻土变化及水文过程的变化。由于过程模型能够模拟土壤冻融过程与土壤水分进而与流域水文过程之间的相互作用,因此更适用于冻土变化对水文过程变化的影响分析研究(王磊 等,2014)。最常用的冻土过程模型包括 SHAW 模型和 CoupModel 等,这些模型通过水-热耦合方程计算土壤中的热量变化与热量传输,进而计算土壤冻融过程变化。不同模型计算土壤导水率及土壤的导热系数的方法有所不同。阳勇等(2013)在祁连山区葫芦沟实验流域比较了 SHAW 和 CoupModel 两种模型计算得到的土壤水热条件,认为 CoupModel 模型更适合于青藏高原寒区的下垫面情况。通过这些过程模型,许多研究分析了冻土地区土壤冻融循环、土壤温度及土壤含水量的变化,在点尺度冻土模拟中被证明具有良好的模拟效果(Wang et al.,2010;Zhou et al.,2013;周剑 等,2008;张伟等,2012)。除了上述冻土过程模型以外,另外有一些研究基于已有的分布式水文模型,在其基础上增加土壤冻融过程的计算及其参数化方案,使得模型能够模拟冻土区的水文过程。现有的这种模型包括 MIKE-SHE 模型、WEB-DHM 模型、DWHC 模型与 GBEHM 模型等(Wang et al.,2010;Bosson et al.,2012;Yang et al.,2015;Chen et al.,2018;陈仁升 等,2006)。MIKE-SHE 模型设置了冻土与地表的距离参数(Bosson et al.,2012);WEB-DHM 模型基于经验方法计算土壤的冻结深度(Wang et al.,2010);DWHC 模型将冻土分类为完全冻结、未冻结和部分冻结 3 种情况(陈仁升 等,2006)。这些模型大多将冻土考虑为静态的冻结层,或将其简单分类,而不能模拟土壤冻融过程的动态变化,更难以很好地模拟冻土变化与土壤水分等水文要素变化之间的相互作用。Yang et al.(2015)在青藏高原东北部的黑河上游山区流域开发了分布式生态水文模型——基于地貌学的生态水文模型(geomorphology-based ecohydrological model,GBEHM),该模型在分布式水文模型(geomorphology-based hydrological model,GBHM;Yang et al.,1998;2002;Cong et al.,2009)的基础上耦合了冰雪融化、土壤冻融等冰冻圈过程,能够模拟冻土的动态变化。由于冻土过程和水文过程的完全耦合,GBEHM可以模拟冻土变化的动态过程及与水文过程的相互作用。GBEHM在黑河上游山区取得了良好应用效果,被证明适用于高寒山区的冻土水文过程模拟(Yang et al.,2015;Gao et al.,2018a)。除上述模型以外,还有SIB2等生态过程模型,VIC等陆面模型也具有求解冻土的水热条件的计算方法。然而,由于这些模型对地形等因素考虑不足,通常仅适用于大尺度的计算,而在流域尺度的模拟效果有所欠缺。

1.2.4 复杂地形下的降水空间插值

高精度的气象数据是合理估计气候变化趋势的前提,也是采用分布式水文模型模拟出合理的流域水文过程变化结果的必要条件。由于复杂的地貌条件不利于建设地面站点,青藏高原地区的地面气象观测站点十分稀少,因此难以基于观测数据得到高精度的气象要素的空间分布。越来越多的研究关注到青藏高原高精度气象要素的空间分布问题,而其中,青藏高原降水的空间分布估计最为复杂。

降水是流域生态水文过程的重要输入要素(Li et al.,2013b;Kaptué et al.,2015),降水的空间分布对流域的径流、蒸散发、土壤水、冰川消融等水文过程有重要影响(Giorgi,1989;Taylor et al.,1997;Nykanen et al.,2001)。因此,在对流域进行生态水文研究前,研究并明晰复杂地形下降水的空间分布十分重要。相对于其他气候要素,降水受地形的影响更为明显(Basist et al.,1994;Guan et al.,2005;Lloyd,2005;Jia et al.,2011)。山顶上的降水量,可能与山脚下的降水量有明显不同(Daly et al.,2008;Sanberg and Oerlemans,1983;孙琪 等,2007)。因此,为合理估计复杂地形的降水量,需要比平原地区更多的地面观测站点。然而,由于青藏高原地区地形非常复杂,地面观测站点反而十分稀少且不均匀,而且通常建设在低海拔地区(如河道周边)。因此,基于地面站点观测降水数据来估计山区降水的空间变异性十分困难(Martínez-Cob,1996;Daly et al.,2008)。

随着遥感观测技术与数值模型的不断发展,除地面站点降水以外,当前已发展出了卫星降水产品、雷达降水产品、模型模拟降水产品等多种空间降水估计方法。然而这些降水产品在复杂山区的应用都有所不足。卫星降水产品提供了降水的空间分布信息,且目前具有广泛的应用,如 TRMM (Huffman et al.,2007)和 CMORPH(Joyce et al.,2004)等产品均具有良好的效果(Ebert et al.,2007)。近年来,许多研究评价了卫星降水在青藏高原的应用情况,如 TRMM,GPM 等卫星降水产品的应用效果得到了一系列的认可(Ma et al.,2016;Xu et al.,2017;齐文文 等,2013;Huffman et al.,2015;刘俊峰 等,2010;王超和赵传燕,2013)。然而,卫星降水产品仍存在着空间精度较低的问题,难以满足高精度的生态水文模型的模拟要求(Shi et al.,2001;Hofstra et al.,2008)。此外,由于卫星数据观测年限较短,难以满足历史长时间序列的生态水文模拟要求。雷达降水产品由于受地物杂波等因素影响,在山区的观测具有较大的不确定性(Young et al.,1999;Li et al.,2014),且目前青藏高原的雷达降水观测尚不成熟。此外,雷达数据同样存在着观测年限短的问题。当前,模型模拟数据,如区域气候模型(regional climate model,RCM)等也得到了广泛的应用,能够输出高空间精度的降水结果(Pan et al.,2015;Diallo et al.,2012)。区域气候模型根据当地精确观测的地形、植被、土壤等要素调整参数,具有合理性及可信性,其模拟得到的降水数据在全世界具有广泛应用(Dickinson et al.,1989;1993;Small et al.,1999;Liang et al.,2004;Li et al.,2015;Maurya and Singh,2016;Maraun and Widmann,2015;李巧萍和丁一汇,2004),模拟的高空间精度降水分布信息对于山区降水空间分布具有借鉴意义(Xiong et al.,2009;Xiong and Yan,2013;Laux et al.,2011;Feldmann et al.,2013)。然而,RCM 仍存在在山区的降水模拟结果可能有较大误差的问题(Xiong and Yan,2013)。综上所述,站点、卫星、雷达、RCM 数据在复杂地形山区的应用均存在不足,基于单一数据难以获得高精度的山区降水空间分布,因此,应考虑采用多源降水数据融合方法来估计青藏高原复杂地形条件下的降水的空间分布。

目前,已有许多研究者尝试基于多源降水方法来估计复杂地形条件下的降水空间分布(Xie and Arkin,1997;Kirshbaum and Durran,2005a;2005b;Kingsmill et al.,2006;Smith and Evans,2007;Giovannettone and Barros,2009;Lundquist et al.,2010;Mass et al.,2015;Newman et al.,2015)。这些研究包括基于地面站点观测的降水数据融合方法、基于遥感观测的降水数据融合方法、基于数值模型模拟结果的降水数据融合

方法及基于地面站点观测和卫星数据的降水数据融合方法(Gottschalck et al.，2005)。Daly et al.(1994)发展了一种基于站点观测的降水插值方法,该方法基于站点观测降水及站点所在位置的高程信息估计降水-高程关系,可以在一定程度上估计降水随地形的变化。该方法在之后多个研究中被采用(Xie et al.，2007;沈艳 等,2010;Shen and Xiong,2016)。然而,由于青藏高原山区站点过于稀少且不均匀,基于站点观测信息得到的降水-高程关系空间精度较低。因此即使考虑了降水量与高程的关系,仅依靠站点观测数据估计降水的空间分布仍具有较高的不确定性。

　　一些基于遥感观测的降水融合研究将卫星降水与高空间精度的环境因素(如植被和地形)建立统计关系,从而对卫星降水数据进行空间降尺度(Guan et al.，2009;Immerzeel et al.，2009;Jia et al.，2011;Shi and Song,2015)。基于数值模型模拟结果的降水数据融合方法通常利用数据同化方法将低分辨率的气候模型模拟结果,如大气环流模型(general circulation model,GCM)的模拟结果和再分析数据等动态降尺度为高分辨率数据,例如,Xiong 和 Yan(2013)及 Pan et al.(2015)在青藏高原东北部的研究。基于数值模型估计降水空间分布的方法的主要优点是模型模拟结果除了可以输出高空间分辨率的降水外,还可以输出其他不同的气候要素。而基于遥感观测和模型模拟结果估计降水空间分布的共同缺陷在于这些方法尽管通过降尺度提高了空间分辨率,但由于缺乏用于校准的站点观测,仅依赖遥感观测或者模型模拟结果降尺度得到的降水空间分布结果通常会有较大的不确定性(Fowler et al.，2007;Tobin and Bennett,2010)。

　　基于多元降水数据同化的方法通过融合不同降水数据提供的信息,以获得最佳的降水量估计值(Bianchi et al.，2013;Prasanna et al.，2014;Sun et al.，2018;孙乐强 等,2014)。这些研究大多数通过比较卫星观测数据和站点观测数据之间的差异来校正卫星数据(Gottschalck et al.，2005;Prasanna et al.，2014;Tobin and Bennett,2010)。这种方法的主要优点在于既利用了站点观测提供的精确的点尺度信息,又利用了卫星数据提供的空间分布信息;而方法的不足在于仅仅简单地基于地面观测校正卫星降水值,而不能识别不同数据的相对有效信息,因此难以最为合理有效地利用不同降水数据。李哲(2015)提出了一种基于贝叶斯原理的卫星数据与站点数据融合方法,能够识别不同降水的相对有效信息,更合理地融合了两种降水数据;此外,该方法能够估计不同降水数据及降水融合结果的不确定性的空间分布。Barillec 和 Cornford(2008)及潘旸等(2015)也同样尝试基于贝叶斯方法进行降水数据融合,更合理地利用了不同降水数据的有效信息。然而,这些研究的不足在于方法未能考虑地形变化对降水的影响,因此在地形变化复杂地区的应用有所缺陷。为了更好地估计青藏高原复杂地形下的降水空间分布,应既合理地利用不同降水来源提供的有效信息,又合理地估计地形变化对降水数据的影响。

1.3　已有研究中存在的不足

(1) 青藏高原地区缺乏高空间分辨率的长时间序列降水数据

由于青藏高原地区地形非常复杂,地面观测站点反而十分匮乏且不均匀,单独凭借站点观测数据空间插值得到的降水结果不能体现青藏高原复杂地形条件下的降水的空间分布。而诸如卫星观测、雷达观测、模型模拟结果得到的降水数据因存在空间精度较低或在山区误差较大等不足,在青藏高原复杂地形条件下的应用也有所欠缺。因此需要结合地面站点观测数据及空间降水数据进行融合,从而更好地估计降水的空间分布。

多源降水数据融合方法包括基于站点观测数据的降水数据融合方法、基于遥感观测的降水数据融合方法、基于数值模型模拟结果的降水数据融合方法及基于地面站点观测和卫星数据的降水数据融合方法等。这些现有方法或因未能考虑降水随地形的变化,或因经过站点数据校正等原因,在复杂地形下的空间降水分布估计仍有所欠缺。为合理估计青藏高原复杂地形下的降水空间分布,需要提出既能合理地利用不同降水来源提供的有效信息,又能合理地估计地形变化对降水影响的方法。

(2) 冻土变化研究缺少流域尺度的分析及不同典型流域的对比分析

以往大多数对冻土变化的研究均基于钻孔观测或点尺度的模型模拟计算。然而,点尺度的研究难以体现冻土变化的空间变异性。由于青藏高原的各个江河源区基本均位于青藏高原的边缘地区,冻土退化更为剧烈,仅仅依赖少数点尺度的观测难以体现流域整体的冻土退化的时空变化特征。因此,为深入理解冻土变化对流域径流的影响,需要从流域尺度上深入理解冻土的时空变化规律。

目前对于流域尺度的冻土长期时空变化规律的研究仍然较为匮乏,对气候变化下流域冻土的响应的理解仍然不够深入。此外,以往研究缺乏不同流域的对比分析,难以估计不同气候、地理位置、下垫面条件下的冻土退化速率及冻土退化表现形式是否相同。

（3）冻土变化对不同流域的水文过程影响及其机理不明确

当前对于冻土变化对水文过程影响的研究大多基于冻土变化和径流变化序列进行相关关系分析,而缺少冻土变化对水文过程影响机理的深入认识。此外,流域尺度上冻土变化对水文过程的影响研究仍然较少,冻土变化对流域水文过程(尤其是径流过程)的影响机理与影响程度仍没有较为完善的认识。

为了更合理地预测未来气候变化背景下青藏高原各江河源区的径流变化趋势,需要深入理解流域冻土变化对流域水文过程尤其是径流过程的影响。由于不同流域的冻土水文条件不同,不同流域的气候变化和冻土变化对径流变化的影响也可能有所不同。为了明晰青藏高原不同流域过去几十年径流变化的原因,并基于此预测未来的径流变化趋势,需要深入理解气候和冻土变化对径流变化影响的机理,以及在不同流域不同冻土水文条件下冻土变化对径流变化影响的异同。

1.4　研究思路和主要内容

基于对以往相关研究的总结,以及对当前研究中仍存在的不足的归纳,本书的主要目标是通过在青藏高原典型流域的研究,揭示气候变化下不同流域不同条件下的冻土水文过程的变化规律,阐释冻土变化对不同流域水文过程的影响,并预测未来气候情景下流域冻土水文变化。

第1章探讨了研究课题的背景和意义,总结归纳了国内外以往冻土水文相关研究及不足,在此基础上,提出了本书的研究目的和主要研究内容。后续章节依次介绍了本书采用的核心方法、关键问题、研究结论等内容,主要内容如下:

第2章介绍了研究的核心工具——分布式水文模型GBEHM,并重点介绍了该模型对土壤冻融过程的模拟方法。选取了青藏高原两个典型流域——黑河上游流域和雅鲁藏布江上游流域,介绍了两个流域的概况,对比分析了两个流域地理、水文、冻土等要素的异同。在典型流域建立分布式水文模型GBEHM,介绍模型的主要输入数据及参数集。发展了基于模型模拟结果的冻土水文变化及冻土变化对水文过程影响的分析方法。

第3章发展了两种针对青藏高原复杂地形且站点稀少条件下的多源降水数据融合方法,分别为基于贝叶斯模型的多源降水数据融合方法及基于站点观测和区域气候模型模拟结果的降水数据融合方法。详细介绍了两种方法的原理、适用性,以及如何考虑地形变化对降水的影响。基于两种方法,在青藏高原(或其典型流域)进行应用,基于交叉验证等方法分析了降水融合方法和降水融合结果的合理性。最后,基于降水融合结果分析了青藏高原两个典型流域的降水空间分布特征。

第 4 章基于分布式水文模型 GBEHM 的模拟结果分析了黑河上游流域和雅鲁藏布江上游流域过去 30 年的冻土变化情况和水文过程变化情况。在此基础上,采用基于弹性系数的多元回归方法对两个流域的径流量和蒸散发量的变化做归因分析,探究过去 30 年径流变化和蒸散发变化的原因,深入分析冻土变化对流域水文过程的影响并将其量化;基于归因分析结果探究冻土变化对水文过程变化的影响机理。

第 5 章基于分布式水文模型 GBEHM 模拟预测了未来气候情景下黑河上游流域和雅鲁藏布江上游流域未来 50 年的冻土变化和水文变化。介绍了未来气候情景的选取、对未来气象数据的误差校正及空间降尺度方法。基于模拟结果分析了未来冻土和水文过程变化趋势。最后,对未来径流和蒸散发变化做归因分析,并与过去 30 年对比,探究过去到未来冻土变化对水文过程的影响是否相同。

第 6 章总结了本书的主要研究成果,并概括了本书的主要创新点。此外,列举了本书研究尚存在的不足,以及对未来可继续开展研究的展望。以上内容及研究思路归纳如图 1-1 所示。

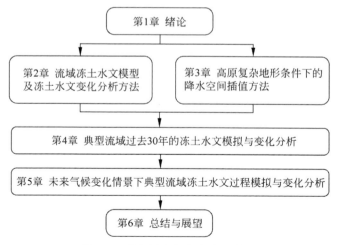

图 1-1　研究思路与各章主要内容

第2章 流域冻土水文模型及冻土水文变化分析方法

2.1 分布式冻土水文模型 GBEHM 概况

GBEHM 在分布式水文模型 GBHM（Yang et al.，1998；2002；Cong et al.，2009）的基础上耦合了冰雪融化、土壤冻融过程等冰冻圈过程，能够模拟冻土的动态变化及冻土与水文过程的相互作用。模型在青藏高原东北部祁连山区黑河上游流域开发并首次应用，并被证明具有良好的模拟效果（Yang et al.，2015；Gao et al.，2018a）。本节将简要介绍 GBEHM 的基本原理及模型土壤冻融过程和冰川消融过程的模拟方法。关于 GBEHM 的其他详细信息，可详见 Yang et al.（2015），Gao et al.（2016；2018a）和秦越（2018）等的研究。

2.1.1 GBEHM 原理

作为分布式模型，GBEHM 的核心思路是将研究流域（区域）进行空间离散化处理，离散程度自上而下可以分为子流域、汇流区间、网格单元及各个网格内的山坡单元。

网格单元为该模型的空间精度单元，模型输入的所有气象强迫数据及地形、土壤、植被等参数数据均从原始精度插值或重采样至网格单元，再作为输入数据输入至模型中。网格单元的大小基于研究流域（区域）尺度、计算精度要求及计算时长要求等要素而定。除河网流量模拟结果以外，该模型输出的其他模拟结果均为网格尺度的空间分布结果。在网格单元的基础上，该模型进一步将每个网格划分为不同的山坡单元，将山坡单元作为模型生态水文模拟的基本单元。模型的水文、植被、积雪、冰川及土壤水热变化过程均在山坡单元的尺度上进行计算。每个山坡单元的生态水文参数及地形参数（如坡长、坡度、坡向、土壤类型、植被类型等）基于高空间精度的地形数据、土地利用数据及土壤参数数据等要素计算得到（Yang et al.，2015）。

在产流计算方面,模型区分了蓄满产流和超渗产流。地表径流的计算基于土壤的蓄满(即蓄满产流)或者降水强度高于土壤下渗强度(即超渗产流)(Yang et al.,2015)。模型中壤中流的计算考虑了饱和土壤产流和不饱和土壤产流之间的差异。饱和带的产流基于质量平衡方程和达西定律计算,而非饱和带的产流基于一维理查德方程计算(Yang et al.,2002)。地下水含水层被视为对应于每个网格的地下水存储单元,地下水与河道之间的交换基于达西定律计算(Yang et al. 1998;2002)。

汇流计算方面,模型基于 Horton-Strahler 河网分级系统对河网进行分级,并基于河网级别关系将整个研究流域(区域)分为若干个子流域,之后,基于不同网格与河口之间的距离将每一个子流域进一步划分为不同的汇流区间。每个网格产生的径流按照不同的汇流区间由近至远汇流至河道,汇流过程采用一维运动波模型来计算;不同子流域的径流汇流路径基于河网级别关系计算。

模型计算的时间步长为 1 h。模型的输出结果可根据研究的具体需要输出为小时尺度、日尺度或者月尺度的模拟结果。

2.1.2　土壤冻融过程模拟方法

在 GBEHM 中,土壤冻融过程基于能量平衡方程计算(Flerchinger and Saxton,1989;Gao et al.,2018a),如下:

$$C_s \frac{\partial T}{\partial t} - \frac{\partial}{\partial z}\left(\lambda_s \frac{\partial T}{\partial z}\right) - \rho_i L_f \frac{\partial \theta_i}{\partial t} + \rho_l c_l \frac{\partial q_l T}{\partial z} = 0 \qquad (2\text{-}1)$$

其中,C_s 为土壤体积热容($J \cdot m^{-3} \cdot K^{-1}$);$T$ 为土层温度(K);t 为时间(s);z 为土壤垂直深度(m);ρ_i 为冰的密度($kg \cdot m^{-3}$);L_f 为融合潜热($J \cdot kg^{-1}$);θ_i 为体积冰含量;λ_s 为导热系数($W \cdot m^{-1} \cdot K^{-1}$);$\rho_l$ 为水的密度($kg \cdot m^{-3}$);c_l 为液态水的比热($J \cdot kg^{-1} \cdot K^{-1}$);$q_l$ 是不同土层之间的水通量($m \cdot s^{-1}$)。该方程考虑了热传递、水的相变及水分运移与对流传热过程。

模型将土壤进行垂向离散化处理,分成多个土壤层,并在每个土壤层中计算水热传输过程。土壤层的上边界(即地表)条件为顶部土壤层上边界的热通量。当地表没有积雪覆盖时,土壤上边界热通量基于下式计算得到(Oleson et al.,2010):

$$h = S_g + L_g - H_g - \lambda E_g + Q_R \qquad (2\text{-}2)$$

其中,h 为土层上边界的热通量（W·m^{-2}）；S_g 为土层上边界吸收的太阳辐射（短波辐射）（W·m^{-2}）；L_g 为土层上边界吸收的净长波辐射（W·m^{-2}）；H_g 为显热通量（W·m^{-2}）；λE_g 为潜热通量（W·m^{-2}）；Q_R 为降雨带来的能量（W·m^{-2}）。当地面存在积雪覆盖时,土壤上边界接受的热通量为

$$h = I_p + G \tag{2-3}$$

其中,I_p 是穿透积雪层的辐射量（W·m^{-2}）；G 是从积雪层底部至顶部土壤层的热传输值（W·m^{-2}）。土壤层的下边界条件为假设地下深层（50 m）为零热通量边界。

2.1.3 冰川消融模拟方法

在 GBEHM 中,冰川的消融采用能量平衡方程来估计。相比常见的度日因子估计方法,能量平衡方法除了考虑温度指标,还考虑了辐射要素和冰川表面能量平衡的变化,在物理机制上更加合理。

首先,基于能量平衡方程估计冰川的融化热,如下式所示（Oerlemans,2001）：

$$Q_M = SW(1 - \alpha) + LW_{in} - LW_{out} - Q_H - Q_L - Q_G + Q_R \tag{2-4}$$

其中,Q_M 为冰川表面吸收的净能量,即用于升温融化的热量（W·m^{-2}）；SW 为短波向下辐射（W·m^{-2}）；α 为反照率；LW_{in} 为长波向下辐射（W·m^{-2}）；LW_{out} 为长波向上辐射（W·m^{-2}）；Q_H 为显热通量（W·m^{-2}）；Q_L 为潜热通量（W·m^{-2}）；Q_G 为地表短波透射（W·m^{-2}）；Q_R 为降雨带来的热量（W·m^{-2}）。之后,基于融化热的冰川消融量计算方法为

$$M = \frac{Q_M}{\rho_w L_f} \tag{2-5}$$

其中,L_f 为冰/雪的溶解潜热；M 为冰/雪的溶解量。

冰川模型考虑了雪和冰表面反照率的不同。反照率的计算采用 Oerlemans 和 Knap（1998）提出的方案,考虑了粒雪、新雪及冰表面的反照率的不同。其中,雪面反照率 α_s 的计算方法如下：

$$\alpha_s = \alpha_{firn} + (\alpha_{frs} - \alpha_{firn}) \exp\left(\frac{s - i}{t^*}\right) \tag{2-6}$$

其中,α_{firn},α_{frs} 分别为粒雪、新雪的日均反照率特征值；t^* 表示从新雪反照率下降至接近于粗粒雪反照率所需要时间的特征值；s 指上一次降雪的年

积日；i 指实际当天的年积日。当积雪深度 d 逐渐减薄接近 0 时，利用下式进行从积雪反照率向裸冰反照率的平滑过渡估计：

$$\alpha = \alpha_s + \alpha_i - \alpha_s \exp\left(-\frac{d}{d^*}\right) \qquad (2\text{-}7)$$

其中，α_i 为裸冰反照率的特征值；d 为雪深；d^* 为雪深的特征值。

2.2　青藏高原典型流域概况

为了实现不同典型流域的对比分析，研究选取了两个青藏高原典型流域，分别为黑河上游流域和雅鲁藏布江上游流域。两个流域在流域地理位置、流域大小、水文情况、冻土情况等方面均有显著差异。

2.2.1　黑河上游流域

黑河流域是我国第二大内陆河，位置处于青藏高原东北部，发源于祁连山北坡（图 2-1）。黑河从上游祁连山区流出后，流经河西走廊，即中国北部到中亚的最重要的贸易和军事路线，也是中国西北部重要的粮食生产区（Zhang et al.，2016），最后止于居延海。流域中下游的社会经济发展和生态系统维持所需的水资源严重依赖于上游山区的径流。

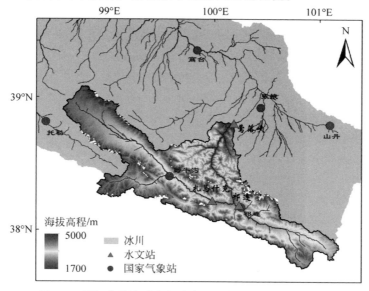

图 2-1　黑河上游流域高程分布及站点分布（见文前彩图）

黑河上游位于祁连山北坡,海拔高程为 1800～5000 m。黑河上游流域的流域面积为 10 009 km^2,产流占黑河全流域产流的近 70%,因此上游出山径流对于下游的生态和经济具有重要影响(Yang et al.,2015;Gao et al.,2016)。在 2000 年,黑河上游的年均出山径流量约为 18 亿 m^3。

黑河上游流域的年降水量在 200～700 mm,年平均气温在－9～5℃。黑河上游流域的降水和气温具有显著的空间变异性(张杰和李栋梁,2004;王宁练 等,2009;李海燕 等,2009;蓝永超 等,2015)。高程变化对降水和气温有显著的影响,其中降水量随着海拔的升高而增加,而温度随着高程的升高而降低(Wang et al.,2017)。降水和气温的空间变异性也导致了流域土地利用类型和植被类型的显著空间变异性(Gao et al.,2016;丁松爽和苏培玺,2010)。流域的低海拔地区相对干旱,主要分布着季节性冻土。随着海拔高程和降水量的增加,水资源更加丰富,植被类型和覆盖度也随之增加。海拔在 2800～3600 m 的区域是流域植被最丰富的区域(Gao et al.,2016)。随着海拔高程的继续升高,气温下降导致植被逐渐稀疏。3600～3900 m 的高程范围是多年冻土到季节性冻土的过渡带(Gao et al.,2018a)。海拔 4000 m 以上的地区主要是多年冻土区,此外,在山顶附近存在着一些冰川。总体来说,黑河流域多年冻土与季节性冻土面积基本均占流域面积的一半左右,其中多年冻土比例更多一些。近几十年来,随着气温的升高,黑河上游流域的冰川和冻土已明显退化(Gao et al.,2018a)。到 2010 年,冰川总面积约为 80 km^2,相关水储量约为 5 亿 m^3(根据中国第二次冰川库存数据集,Liu et al.,2014)。由于黑河上游冰川面积不足流域面积的 1%,冰川径流的贡献较小,冰川径流的变化对流域总径流变化影响并不显著。

黑河上游流域有 3 个水文站点及两个气象站点。水文站包括流域出口的莺落峡站,以及上游两个支流的扎马什克站和祁连站。黑河上游的气象站点包括野牛沟站和祁连站。此外,在黑河上游流域的研究中,也采用了流域周边的气象站点,如图 2-1 所示。

由于黑河上游流域广泛分布着冻土,且为多年冻土和季节性冻土的交界区(王庆峰 等,2013),对气候变化十分敏感(Cuo et al.,2015)。因此黑河上游流域被认为是研究中国寒冷干旱地区水文和水资源的典型区域(宁宝英 等,2008)。因此,本书选取黑河上游流域作为典型流域之一。

由于黑河流域的特殊性,2010 年国家自然科学基金委在黑河流域资助开展"黑河流域生态-水文过程集成研究"重大研究计划。在重大计划的支持下,近几年在黑河流域开展了一系列的生态、水文、经济研究,也产生了一系列地理、生态、水文、经济数据(Li et al.,2013a,2017)。目前,许多重大计划下的各类研究数据均上传至了黑河计划数据管理中心(http://www.heihedata.org/),供后续研究下载应用。Yang et al.(2015)和 Gao et al.(2016)在重大计划的支持下,在黑河上游流域开发并首次应用了 GBEHM,并成功地模拟和验证了过去 50 年(1961—2010 年)高海拔地区水文过程和土壤冻融过程(Yang et al.,2015;Gao et al.,2018a)。此外,研究还基于模型模拟结果详细分析了生态水文过程、水平衡各要素的空间分布格局、冻土退化对水文过程的影响及其他一些相关问题(Gao et al.,2016;2018a)。本书基于上述研究中 GBEHM 在黑河上游流域的模拟结果分析流域历史冻土变化和水文变化,并着重分析冻土退化对流域水文过程,尤其是径流的影响。并且,在第 5 章中,以 GBEHM 为基础,继续模拟未来 50 年(2011—2060 年)气候情景下冻土和水文过程的变化。模型参数与 Gao et al.(2016;2018a)在历史模拟中使用的参数一致。未来 50 年的模拟的初始条件即为 2010 年的模拟结果。

2.2.2　雅鲁藏布江上游流域

雅鲁藏布江(简称雅江)是世界上海拔最高、中国最长的高原河流。雅鲁藏布江位于青藏高原南部,发源于喜马拉雅山北麓中国西藏仲巴县境内的杰马央宗冰川。河流自西向东横穿青藏高原南部,至喜马拉雅山脉最东端的南迦巴瓦峰急转向南,随后流出中国境内至印度。雅鲁藏布江全流域面积约为 71 万 km^2,其中在中国境内的面积约为 25 万 km^2(尼玛旦增,2018)。雅鲁藏布江蕴藏着极为丰富的水资源,是我国西藏自治区的主要的淡水来源,也为我国提供了重要的水资源与水能,其径流变化对当地具有重要影响(高冰 等,2008;唐雄朋 等,2018)。因此,深入理解雅鲁藏布江流域的径流变化及其原因,对于合理开发流域水资源与水能具有重要意义。

在雅鲁藏布江流域的中国境内地区总共有六个水文站。其中,奴下站位于青藏高原的东南部边缘,其上游包括了雅鲁藏布江流域在青藏高原的大部分地区。雅鲁藏布江在奴下站上游地区(以下简称雅鲁藏布江上游流域),平均海拔高程在 4000 m 以上,流域面积约为 19 万 km^2。奴下站的出口年径流量为 400~800 亿 m^3,合计年径流深为 200~400 mm。在 2000年,奴下站平均年径流深为 324 mm。

雅鲁藏布江上游多年平均降水量为 300~600 mm,年平均气温在

－2～2℃。雅鲁藏布江上游的降水和气温也具有空间变异性。总体上,雅鲁藏布江上游降水量自西向东(自上游至下游)逐渐增加。上游高原地区较为干旱,在西部最干旱地区,年均降水不足 100 mm,而在下游低海拔地区,年平均降水量超过 900 mm(尼玛旦增,2018)。雅鲁藏布江上游的气温随高程有显著变化,由于雅鲁藏布江流域地形变化剧烈,气温也具有显著的空间变异性。由于地形变化带来的水分温度的空间变化,雅鲁藏布江上游的植被分布也具有显著的空间变异性,即土地利用类型和植被分布受高程变化的显著影响。在海拔 4000 m 以下较低海拔区间,雅鲁藏布江上游流域的植被类型主要为草丛、阔叶林、针叶林等;海拔 4000～5000 m 的植被类型主要为高原草原、草甸和高寒稀疏植被等;海拔 5000 m 以上的高海拔地区植被较为稀少,主要为高寒草甸和高寒稀疏植被(陈斌 等,2015)。此外,雅鲁藏布江流域海拔 5000 m 以上广泛存在着冰川。基于全国第一次冰川编目数据,雅鲁藏布江流域范围冰川共有约 9900 条,面积约为 1.3 万 km²。基于以往研究,雅鲁藏布江流域冰川径流占总径流的比例大于 10%,冰川径流变化对流域径流变化具有显著影响(Chen et al.,2017;姚檀栋和姚治君,2010)。基于以往研究的青藏高原冻土分布图,雅鲁藏布江上游流域主要分布着季节性冻土,而多年冻土面积仅占流域面积的约 20%,主要分布在高海拔地区(Zou et al.,2017;Wang et al.,2018a)。

雅鲁藏布江上游流域有 6 个水文站点及 9 个气象站点。水文站包括流域出口的奴下站,以及上游干流的拉孜站、奴各沙站、羊村站及支流的日喀则站和拉萨站。雅鲁藏布江上游流域内部的气象站点包括拉孜站、日喀则站、江孜站、尼木站、拉萨站、当雄站、泽当站、嘉黎站及林芝站,如图 2-2 所示。

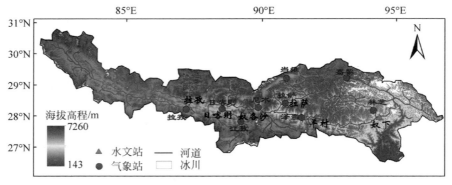

图 2-2 雅鲁藏布江上游流域高程分布及站点分布(见文前彩图)

　　对比黑河上游流域,雅鲁藏布江上游流域的流域冻土水文特性有显著的不同。地理位置方面,黑河流域处于青藏高原最北部,而雅鲁藏布江处于青藏高原最南部。流域面积方面,黑河上游流域面积仅约 1 万 km^2,而雅鲁藏布江上游流域面积约 19 万 km^2,是黑河上游的近 20 倍。水文特性方面,黑河属于干旱区内陆河,年径流深约 150 mm,而雅鲁藏布江为西藏境内最大的河流,水量充沛,年平均径流深超过 300 mm。冻土分布方面,黑河上游流域多年冻土面积约占流域面积的 60%,而雅鲁藏布江上游流域主要分布着季节性冻土,多年冻土面积仅占流域面积的约 20%。此外,由于雅鲁藏布江流域冰川分布广泛,冰川径流占比较大,在雅鲁藏布江流域应考虑冰川径流变化对年径流变化的影响。由于雅鲁藏布江上游流域的冻土水文等条件均与黑河上游流域有极大不同,因此本书选取雅鲁藏布江流域作为第二个青藏高原典型流域。

2.3　GBEHM 在青藏高原典型流域的适用性评价

2.3.1　雅鲁藏布江上游流域 GBEHM 的构建

　　模型的输入数据包括气象强迫数据、地形数据、土壤参数数据、土地利用数据及植被参数数据。各类数据及细化的数据和参数类型、数据的单位、时空分辨率及数据来源在表 2-1 中给出。除此以外,用于验证模型模拟结果的验证数据也在表中给出。

表 2-1　分布式水文模型 GBEHM 的主要输入数据

数据类型	数据或参数	空间分辨率	时间分辨率	数据来源
气象强迫数据	降水量/mm	站点尺度	日尺度	气象站观测;卫星观测;模型模拟数据
	气温(日均值、日最高值、日最低值)/℃			
	风速/(m/s)			气象站观测
	相对湿度/%			
	日照时数/h			
地形数据	海拔高程(DEM)	90 m×90 m	—	Jarvis 等人(2008 年)

续表

数据类型	数据或参数	空间分辨率	时间分辨率	数据来源
土壤参数数据	土壤黏土含量(质量百分数)	0.008 33°× 0.008 33°	—	FAO 等人(2009 年)
	土壤砂土含量(质量百分数)			
	土壤有机碳含量(质量百分数)			
	饱和含水率/(cm³/cm³)			Dai 等人(2013 年)
	残余含水率/(cm³/cm³)			
	饱和导水率/(cm/d)			
	水分参数 a/cm^{-1}			
	土壤空隙参数 n			
土地利用数据	土地利用类型图	30 m×30 m	—	寒区旱区科学数据中心
植被参数	叶面积指数(LAI)	0.0833°× 0.0833°	每 15 天一次	Zhu 等人(2013 年)
	光合有效辐射(FPAR)	0.0833°× 0.0833°	每 15 天一次	
模型模拟结果验证数据	径流量/(m³/s)	站点尺度	月尺度	水文站观测
	季节性冻土冻结深度/cm	站点尺度	日尺度	气象站观测

注:°表示经纬度的度,下同。

2.3.1.1 气象强迫数据

模型输入的气象强迫数据包括日降水、日气温(包括日均气温、日最高气温和日最低气温)、日均风速、日均相对湿度及日照时数数据。这些数据主要来自于中国国家气象站的观测资料,可以通过国家气象信息中心网站进行查阅和下载(http://data.cma.cn)。由于模型输入数据需要空间分布数据,因此对站点观测信息进行空间插值,从而生成网格尺度的空间分布数据。空间插值方法采用距离方向权重法(angular distance weighting method,ADW),该方法考虑了站点间的相对位置关系,适用于青藏高原地区站点稀少且分布不均匀的情况(Shepard,1968;Willmott et al.,1985;New et al.,1999;2000;杨大文 等,2004;Hofstra and New,2009;Wang et al.,2017)。

由于气温数据受高程影响十分显著,因此在气温的空间插值过程中考虑了气温-高程梯度关系。该关系采用气温直减率表示。气温直减率基于流域内部和周边所有气象站的气温观测及站点高程信息线性拟合得到,每月一值。表 2-2 给出了雅鲁藏布江上游流域的逐月气温直减率。数据表明,不同月份的气温直减率有所不同,夏季的气温直减率较小,而冬季较大。

表 2-2　基于气象站观测的雅鲁藏布江上游流域平均逐月气温直减率

月份	一月	二月	三月	四月	五月	六月	七月	八月	九月	十月	十一月	十二月
气温直减率/(℃/km)	−7.8	−7.9	−7.3	−7.1	−6.7	−5.8	−5.6	−4.9	−5.3	−6.6	−7.5	−7.8

由于青藏高原复杂地形下,稀疏的站点分布难以反映降水的空间变异性,站点插值结果难以满足典型流域水文模型的降水数据输入需要。因此,除了气象站点的降水观测以外,研究还使用了卫星数据及模型模拟降水数据,基于多源降水数据融合的方法来估计复杂地形下流域的降水空间分布。具体的降水融合方法及在青藏高原的应用在第 3 章中详细介绍。

气象站点观测数据的时间尺度为日尺度,而 GBEHM 的计算时间步长为 1 h,日尺度的气象数据由模型的预处理程序转化为小时尺度的数据。其中,逐小时的降水数据转换方式为随机在日内给定降水的开始时间,按照正态分布分配降水开始后的逐小时降水量。逐小时的气温数据基于日平均气温、日最低气温和日最高气温数据,假设日最高气温在 13:00,最低气温在 1:00,采用正弦函数的形态变化来估计。GBEHM 的气象输入数据除上述要素以外,还包括辐射数据,基于小时尺度的温度、日照时数、风速和相对湿度及地形、地理位置等要素计算得到。

在第 5 章中,研究将模拟未来气候情景下的青藏高原典型流域冻土变化及水文过程变化。未来气候情景的选择及未来气象数据的校正和空间降尺度方法在第 5 章中详细介绍。

2.3.1.2　流域地形数据

流域的地形数据采用航天飞机雷达地形测绘使命(shuttle radar topography mission, SRTM)数据集提供的数字高程模型(digital elevation model, DEM)(Jarvis et al., 2008)。该地形数据的原始空间精度为 90 m,基于双线性插值方法将原始地形数据重采样至模型计算精度(GBEHM 在雅鲁藏布江流域应用的网格精度为 5 km)。由于流域的真实地貌可能更为复杂,5 km 的空间精度无法很好地刻画河道位置、距离等要素,从而造成产汇流计算的误差,因此模型利用高精度(100 m)的 DEM 数据(同样由原始 DEM 数据重采样得到)来计算流域的地形参数。

由于冰川普遍位于高海拔地区,且许多冰川面积小于模型网格面积(即 5 km×5 km),这种情况下采用 5 km 的网格平均的高程信息来表征冰川的高程,很可能造成冰川位置处的气温的错误估计,从而导致冰川消融过程的错误计算。因此,针对冰川的土地利用类型,采用 100 m 精度的 DEM 数据来单独表征冰川的高程,从而正确估计冰川区的气温,合理估计冰川的消融过程。

2.3.1.3　土地利用数据

土地利用数据采用寒区旱区科学数据中心提供的全国 1∶10 0000 土地利用信息系统专题数据集,数据可自寒区旱区科学数据中心网站下载获取(http://westdc.westgis.ac.cn)。数据的原始空间精度为 30 m。模型在不同类型给定不同的水文或植被参数(许继军和杨大文,2010)。在模型的计算过程中,每个网格单元中的生态水文过程在不同的土地利用类型上单独计算,网格单元的计算结果再基于网格中不同土地利用类型的面积比例加权得到。

2.3.1.4　土壤参数数据

土壤参数数据包括土壤不同组成成分的比例及土壤水力参数。土壤成分比例数据采用联合国粮食及农业组织发布的和谐世界土壤数据集(harmonized world soil database,HWSD),数据的空间精度为 0.008 33°(FAO et al.,2009)。该数据集将土壤成分划分为砂粒含量、黏土含量及土壤有机质含量,分别以百分比表示。

土壤水力参数包括土壤的饱和含水率、残余含水率、饱和导水率,以及模型需要用于土壤水热耦合传输计算的参数 α 和参数 n,见表 2-1。土壤水力参数数据来自于中国土壤水文数据集,数据的空间精度为 0.008 33°(Dai et al.,2013)。

2.3.1.5　植被数据

模型输入的植被参数包括植被的叶面积指数(leaf area index,LAI)及光合有效辐射(fraction of photosynthetically active radiation,FPAR)。数据采用美国波士顿大学提供的 0.0833°空间精度的 LAI3g 和 FPAR3g 数据,数据的时间精度为每 15 天一景(Zhu et al.,2013b)。

2.3.2　模型在雅鲁藏布江上游流域的适用性评价

2.3.2.1　径流模拟结果的验证

图 2-3 给出了模型模拟的雅鲁藏布江上游干流三个水文站点(奴各沙

站、羊村站和奴下站)的月径流结果并与实测月径流进行对比。总体来说,三个站点的模拟的月径流过程均能与实测月径流过程较好地吻合,验证了模型径流过程的模拟效果良好。模拟结果的主要不足之处在于每年丰水期月径流的峰值普遍较实测径流偏低,这可能与降雨强度、土壤参数或土壤厚度等要素有关。此外,模型模拟的每年河流退水过程相较实测过程偏慢,该情况在上游站点(奴各沙站和羊村站)相对更为明显。

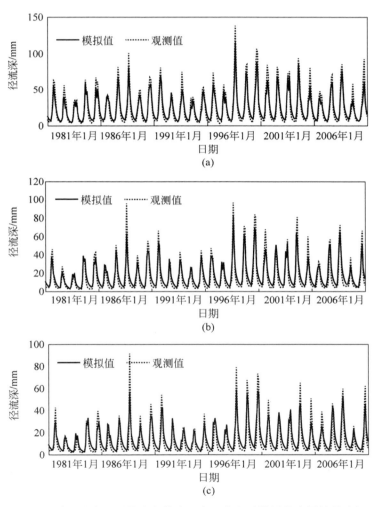

图 2-3　基于站点观测的雅鲁藏布江主要水文站模拟月流量结果验证
(a)奴下站;(b)羊村站;(c)奴各沙站

　　表 2-3 列出了各个站点处月径流的模拟效果的评价结果,并将模拟效果的评价分为率定期(1981—1990 年)和验证期(1991—2000 年)两个部分。除了奴下、羊村、奴各沙三个干流站点以外,表中同时列出了其他支流站点的径流模拟评价结果。采用纳什效率系数(Nash-Sutcliffe efficiency,NSE)与决定系数(R^2)两个指标来表征径流的模拟效果。结果表明,在干流三个站点的NSE 均高于 0.85,R^2 基本高于 0.9,证明干流径流模拟效果良好,因此可以基于模拟径流结果对流域的径流及其他水文要素的变化进行分析。对比干流站点的模拟效果,上游河源区(拉孜站)及两个支流(日喀则站和拉萨站)的模拟效果相对较差,NSE 在 0.7~0.82,R^2 普遍在 0.7~0.9。这是由于在模型率定过程中没有针对每个子流域进行具体的参数率定,且由于支流集水面积较小,模型输入数据及模型参数的不确定性对小流域模拟结果的影响更为明显。

表 2-3　雅鲁藏布江主要水文站月流量模拟结果评价

水文站	率定期(1981—1990 年)		验证期(1991—2000 年)	
	NSE	R^2	NSE	R^2
奴下	0.91	0.95	0.91	0.95
羊村	0.86	0.89	0.88	0.93
奴各沙	0.85	0.90	0.88	0.90
拉孜	0.70	0.73	0.72	0.73
日喀则	0.81	0.84	0.82	0.84
拉萨	0.72	0.89	0.78	0.91

2.3.2.2　土壤冻结深度模拟结果的验证

　　图 2-4 给出了四个气象站点位置的季节性冻土冻结深度模拟验证结果。四个站点分别列出了不同冻土冻结深度情况下的模拟结果。其中,当雄站所在位置的年冻土最大冻结深度较深(大于 1 m),冻土模拟效果良好。日喀则站和拉孜站所在位置处的冻土冻结深度相对较浅,日喀则站位置的冻土冻结深度为 0.4~0.5 m,拉孜站位置的冻土冻结深度为 0.2~0.5 m,总体来说,两个站点的冻土冻结深度模拟效果良好,不同年份可能有一定程度的高估或低估。拉萨站的冻土冻结深度很浅,年冻土最大冻结深度不足 0.15 m,模型模拟的冻土深度也较为接近。上述结果说明,在不同冻土冻结深度下,模型均能有较好的模拟效果。基于四个站点的冻土观测结果,均能明显看出年冻土最大冻结深度的显著减小,而模型也能将此趋势很好地表现出来。此外,模型模拟逐年冻土的开始冻结时间及融化时间与实测值也十分接近。上述结果均表明 GBEHM 在雅鲁藏布江上游流域能够很好地模拟土壤的冻融过程和冻土的退化过程。

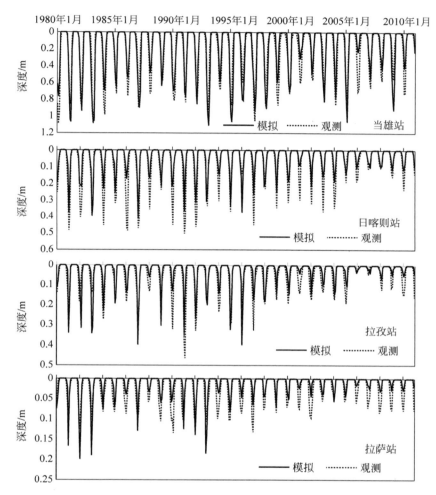

图 2-4　基于站点观测的季节性冻土最大冻结深度模拟验证

2.3.3　模型在黑河上游流域的适用性评价

Gao et al.(2018a)利用 GBEHM 模拟了历史时期黑河上游流域的冻土变化和水文变化。为便于读者了解 GBEHM 在黑河上游流域的模拟效果,本节同样给出了 Gao et al.(2018a)在黑河上游流域径流和冻土模拟效果的评价。

2.3.3.1　径流模拟结果的验证

图 2-5 给出了黑河上游出口站点莺落峡及两个支流站点祁连和扎马什

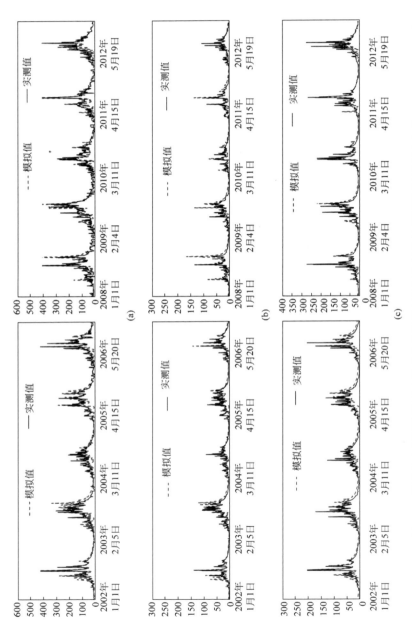

图 2-5　基于站点观测的黑河上游水文站模拟日流量结果验证（模拟径流数据来自于 Gao et al.，2018a）

（a）莺落峡站；（b）祁连站；（c）扎马什克站

克水文站的逐日径流变化过程的模拟与实测值比较。模型对洪峰和基流的
模拟效果都很好,尤其能够很好地模拟春季径流的变化。模型对三个水文
站逐日流量过程的模拟结果的纳什效率系数分别为 0.65,0.6 和 0.7,相对
误差均在 10% 以内。

2.3.3.2　土壤冻结深度模拟结果的验证

图 2-6 为黑河上游流域祁连和野牛沟站位置的季节性冻土冻结深度模
拟验证结果。总体上,模型在两个站点位置的冻土模拟效果良好,其中在祁
连站模拟值能够较好地符合实测冻深的变化过程,在野牛沟站模拟的最大
冻深偏小,可能原因是野牛沟站土壤导热、热容参数的估计误差。

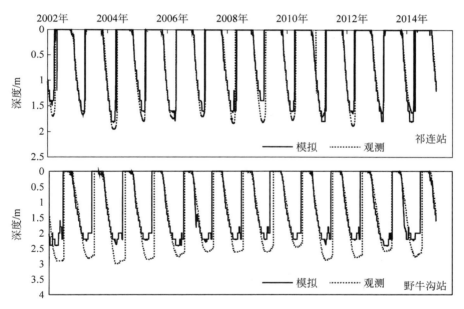

图 2-6　基于站点观测的季节性冻土最大冻结深度模拟验证
（模拟冻结深度数据来自于 Gao et al., 2018a）

上述验证结果验证了 GBEHM 在黑河流域径流和冻土的模拟效果,证
明了模型在黑河流域的适用性。关于模型在黑河流域模拟效果评价的其他
内容可参考 Gao et al.(2018a)的研究。

2.4 基于水文模拟结果的冻土水文变化分析方法

2.4.1 冻土过程分析指标

冻土的存在形式包括多年冻土(也称永久冻土)和季节性冻土。多年冻土指一年之中土壤中始终存在冻结层的冻土;而季节性冻土指冻结层在冷季(或称冻结季)冻结形成,而在暖季(或称融化季)融化消失的冻土形式。在冻土退化的过程中,多年冻土冻结层的上表面会逐渐变深(即活动层逐渐变深),而下表面会逐渐变浅。随着退化逐渐加剧,多年冻土冻结层上下表面接触,冻结层完全消失,即退化为季节性冻土。之后,随着气温继续升高,季节性冻土在冻结季的冻结层厚度也会继续变浅,同时包括冻结层上表面的继续加深和下表面(即季节性冻土冻结深度)的逐渐变浅。

本书选取三个指标来表示和衡量冻土的退化水平,分别为流域多年冻土区面积比例、多年冻土活动层厚度及季节性冻土最大冻结深度。

(1)多年冻土区面积比例

多年冻土面积比例体现了流域的冻土的空间分布特征。对多年冻土及季节性冻土空间分布的分析可以得到不同流域的冻土空间分布条件、多年冻土与季节性冻土交界处的海拔高程、不同冻土区的植被水文条件等。明晰流域冻土的空间分布情况对于进一步分析冻土变化对水文过程的影响具有重要意义。

多年冻土面积比例的变化表征了流域多年冻土向季节性冻土的退化过程及退化速率,是表征流域冻土退化速率的最重要的要素之一。基于不同年代多年冻土空间分布的对比可以得到流域多年冻土向季节性冻土退化的区域,进而可以分析多年冻土退化区的水文变化情况,从而深入探究多年冻土退化对水文过程的影响。

(2)多年冻土活动层厚度

在多年冻土区,表征冻土变化最重要的指标即为活动层厚度的变化。活动层厚度的增厚体现了冻土的退化,而其增厚速率表征了多年冻土区冻土退化的速率。多年冻土活动层厚度的变化会影响多年冻土区土壤蓄水容量的变化,进而影响流域的土壤水分。因此,深入理解活动层厚度的变化对于分析流域冻土变化及其对水文过程的影响均十分重要。

(3)季节性冻土最大冻结深度(maximum thickness of seasonally

frozen ground，MTSFG)

在季节性冻土区，由于在融化季冻土会完全消融，不存在冻土"活动层"的概念。在此情况下，季节性冻土最大冻结深度是表征冻土变化最重要的指标。由于国家气象站大多建立在季节性冻土区，而气象站点也有土壤冻结深度（和土壤温度）的观测，因此以往的很多研究均基于季节性冻土最大冻结深度的变化来表征冻土的变化情况，如张中琼和吴青柏（2012），Wang et al.（2015）及 Qin et al.（2017）等在青藏高原的研究。

2.4.2　流域水文过程变化分析

基于模型模拟的径流、蒸散发、土壤水、水量平衡等结果对流域的水文过程变化进行分析。其中，重点分析流域年径流和蒸散发量的变化、土壤水分变化及流域的水量平衡变化情况，为后续冻土对水文过程影响研究做铺垫。

（1）年径流量及年蒸散发量

年径流量和年蒸散发量的变化趋势是表征历史和未来流域水文过程变化的最主要和最直观的指标。基于年径流量和年蒸散发量的变化趋势，可以进一步对二者的变化进行归因分析，探究降水、气温及冻土变化对径流和蒸散发变化的影响。

（2）流域水量平衡

分析流域平衡的各个要素（包括降水、蒸散发、径流）及其变化情况，并据此计算流域径流系数及其变化情况。对比不同流域的水量平衡要素（尤其是径流系数）来分析不同流域产流机制的不同；对比不同时期（过去到未来）的水量平衡和径流系数的变化来分析流域的产流机制是否发生变化。

（3）土壤水分

土壤水分的变化与冻土变化直接相关，也是联系冻土变化与水文过程变化之间的桥梁。因此，分析流域土壤水分变化十分重要。土壤水分变化分析在时间尺度上包括年际变化的分析与年内变化的分析，分别表征土壤水分的长期变化趋势和年内由土壤冻融过程导致的土壤水分动态变化过程。在空间尺度上，分别分析不同冻土区，即多年冻土区、季节性冻土区及多年冻土退化区土壤水分的变化，从而对比不同冻土区土壤水分变化的异同，进而深入分析冻土变化对水文过程的影响机理。

2.4.3　基于多元回归分析的径流弹性

采用多元回归分析方法来估计气候及冻土变化对径流和蒸散发变化的影响。以往研究中通常将气候变化对径流和蒸散的影响分为降水的变化和气温的变化分别对径流和蒸散的影响,并使用气候弹性模型进行量化(Fu,1981;Schaake,1990;Sankarasubramanian et al.,2001;Chiew et al.,2006;Yang and Yang,2011;Konapala and Mishra,2016;Wang et al.,2018b;2018c;莫崇勋 等,2018)。本书同样主要关注降水和气温变化的影响,忽略了太阳辐射等其他气候因素的变化。同时,也忽略了研究区域土地利用/覆盖(如植被)的变化。基于弹性模型,降水量和气温变化对径流量和蒸散发量的影响可计算如下:

$$\frac{\Delta R_i}{\overline{R}} = \varepsilon_{P,R} \frac{\Delta P_i}{\overline{P}} + \varepsilon_{T,R} \frac{\Delta T_i}{|\overline{T}|} \tag{2-8}$$

$$\frac{\Delta ET_i}{\overline{ET}} = \varepsilon_{P,ET} \frac{\Delta P_i}{\overline{P}} + \varepsilon_{T,ET} \frac{\Delta T_i}{|\overline{T}|} \tag{2-9}$$

其中,i 为年数;ΔR_i,ΔP_i,ΔT_i 和 ΔET_i 分别为年径流量 R_i、降水量 P_i、气温 T_i 和蒸散发量 ET_i 相对于长期平均值 $\overline{R}$,$\overline{P}$,$\overline{T}$,$\overline{ET}$ 的差值;$\Delta R_i/\overline{R}$,$\Delta P_i/\overline{P}$,$\Delta T/|\overline{T}|$ 和 $\Delta ET/\overline{ET}$ 分别为上述差值的归一化值。由于流域的平均气温可能为负值,因此气温差值 ΔT_i 的归一化值为 $\Delta T/|\overline{T}|$。$\varepsilon_{P,R}$ 和 $\varepsilon_{T,R}$ 分别是径流的降水和气温的弹性,$\varepsilon_{P,ET}$ 和 $\varepsilon_{T,ET}$ 分别为蒸散发的降水和气温的弹性(Ma et al.,2010)。

为了更清楚地表达降水和气温的变化对径流和蒸散变化的贡献,方程(2-8)和方程(2-9)可改写为以下形式:

$$\Delta R_i = \Delta R_{i,P} + \Delta R_{i,T} = \varepsilon'_{P,R} \cdot \Delta P_i + \varepsilon'_{T,R} \cdot \Delta T_i \tag{2-10}$$

$$\Delta ET_i = \Delta ET_{i,P} + \Delta ET_{i,T} = \varepsilon'_{P,ET} \cdot \Delta P_i + \varepsilon'_{T,ET} \cdot \Delta T_i \tag{2-11}$$

其中,$\Delta R_{i,P}$,$\Delta R_{i,T}$,$\Delta ET_{i,P}$ 和 $\Delta ET_{i,T}$ 分别为由降水变化引起的径流变化、由气温变化引起的径流变化、由降水变化引起的蒸散发变化和由气温变化引起的蒸散发变化。此外,$\varepsilon'_{P,R} = \varepsilon_{P,R} \cdot \dfrac{\overline{R}}{\overline{P}}$,$\varepsilon'_{T,R} = \varepsilon_{T,R} \cdot \dfrac{\overline{R}}{|\overline{T}|}$,$\varepsilon'_{P,ET} = \varepsilon_{P,ET} \cdot \dfrac{\overline{ET}}{\overline{P}}$ 和 $\varepsilon'_{T,ET} = \varepsilon_{T,ET} \cdot \dfrac{\overline{ET}}{|\overline{T}|}$ 是弹性系数的新形式,这种形式可以反映降水量或气温变化一个单位(降水量为 1 mm,气温为 1℃)时径流或蒸散

发量的变化。

然而,仅将径流或蒸散发的变化归因为降水和气温两个要素,不能评估冻土变化对径流或蒸散发变化的影响。因为气温的变化对水文过程的影响可以通过多个要素表现,如潜在蒸散发的变化、冻土的变化或冰川的变化。因此,在式(2-10)和式(2-11)的基础上,将气温变化对径流和蒸散发的影响分类为通过潜在蒸散发变化的影响、通过冻土变化的影响和通过冰川变化的影响(冰川的影响仅限于径流,研究忽略冰川变化对蒸散发的影响)。因此,式(2-10)和式(2-11)中气温变化对径流和蒸散发变化的影响($\Delta R_{i,\mathrm{T}}$ 和 $\Delta ET_{i,\mathrm{T}}$)则进一步分为 $\Delta R_{i,\mathrm{T}} = \Delta R_{i,\mathrm{PET}} + \Delta R_{i,\mathrm{D}} + \Delta R_{i,\mathrm{ICE}}$ 和 $\Delta ET_{i,\mathrm{T}} = \Delta ET_{i,\mathrm{PET}} + \Delta ET_{i,\mathrm{D}}$,其中 PET,D 和 ICE 分别代表潜在蒸散发、冻土和冰川要素。式(2-10)和式(2-11)改写为

$$\Delta R_i = \Delta R_{i,\mathrm{P}} + \Delta R_{i,\mathrm{PET}} + \Delta R_{i,\mathrm{D}} + \Delta R_{i,\mathrm{ICE}}$$
$$= \varepsilon'_{\mathrm{P,R}} \cdot \Delta P + \varepsilon'_{\mathrm{PET,R}} \cdot \Delta PET_i + \varepsilon'_{\mathrm{D,R}} \cdot \Delta D_i + \Delta R_{i,\mathrm{ICE}} \quad (2\text{-}12)$$
$$\Delta ET_i = \Delta ET_{i,\mathrm{P}} + \Delta ET_{i,\mathrm{PET}} + \Delta ET_{i,\mathrm{D}}$$
$$= \varepsilon'_{\mathrm{P,ET}} \cdot \Delta P + \varepsilon'_{\mathrm{PET,ET}} \cdot \Delta PET_i + \varepsilon'_{\mathrm{D,ET}} \cdot \Delta D_i \quad (2\text{-}13)$$

其中,ΔPET_i 和 ΔD_i 分别是年潜在蒸散发量 PET_i 和冻土 D_i 与长期平均值 $\overline{PET}$ 和 $\overline{D}$ 的差异;弹性系数 $\varepsilon'_{\mathrm{PET,R}}$,$\varepsilon'_{\mathrm{D,R}}$,$\varepsilon'_{\mathrm{PET,ET}}$ 和 $\varepsilon'_{\mathrm{D,ET}}$ 分别代表当潜在蒸散发或冻土变化一个单位(潜在蒸散发为 1 mm,冻土为 1 cm)时,径流或蒸散发的变化。这里要说明的是,本书仅考虑了冰川变化对径流的影响,忽略了其对蒸散发的影响。且由于冰川径流的变化对总径流的变化是已知的,因此没有基于弹性系数来表示,而直接采用冰川径流的变化量 $\Delta R_{i,\mathrm{ICE}}$ 来表示。

在式(2-12)和式(2-13)中,冻土指标 D 可以采用不同的指标,如流域平均多年冻土活动层的厚度或者流域平均季节性冻土最大冻结深度。基于不同流域的不同情况,可选取更适合的指标。例如,在黑河上游流域,多年冻土面积较大,多年冻土活动层厚度作为冻土指标 D 更加合适;而在雅鲁藏布江流域,季节性冻土占全流域绝大部分,采用多年冻土活动层厚度作为指标是明显不合适的,而采用季节性冻土最大冻结深度来作为冻土指标 D 更加合理。由于多年冻土活动层的厚度的变化与季节性冻土最大冻结深度的变化是相反的,即当冻土退化时,多年冻土活动层会增厚,而季节性冻土最大冻结深度会减小,为统一符号,本书将冻土退化作为正向变化,即假设多年冻土活动层增厚和季节性冻土最大冻结深度减小为正向变化。当 ΔD_i

为正值时,则表示冻土退化(多年冻土活动层增厚或季节性冻土最大冻结深度减小);当 $\varepsilon'_{D,R}$ 为正值时,则表示冻土退化会导致径流增加。

2.5 小　　结

本章介绍了研究采用的核心工具分布式生态水文模型 GBEHM 的基本框架及模型中土壤冻融过程和冰川消融过程的模拟方法,并介绍了青藏高原两个典型流域——黑河上游流域和雅鲁藏布江上游流域的基本情况及冻土水文条件。在雅鲁藏布江流域建立 GBEHM,并基于站点观测评价了模型对于径流及土壤冻融过程的模拟效果。最后,介绍了基于模型模拟结果的冻土水文变化及冻土变化对水文过程影响的分析方法。主要结论如下:

(1) GBEHM 将研究流域(区域)进行空间离散化,离散程度自上而下可以分为子流域、汇流区间、网格单元及各个网格内的山坡单元,在山坡单元计算水文、植被、积雪、冰川和土壤水热变化等过程。模型的输入和输出的空间精度均为网格尺度,模型计算的时间步长为 1 h。模型的土壤冻融过程采用水热耦合平衡方程进行模拟。将土壤进行垂向分层,分别计算每层土壤的水热传输过程,土壤层的上边界条件为顶层土壤接收的辐射通量,下边界条件为假设深层(50 m)为零通量边界。冰川消融过程采用能量平衡方程计算冰川融化热,进而求解冰川消融量。冰川模拟过程考虑了积雪对反照率的影响及冰川融水的再冻结过程。

(2) 黑河上游流域与雅鲁藏布江上游流域分别作为青藏高原北、南两个流域,具有明显不同的流域冻土水文特征,见表 2-4。流域面积方面,黑河上游流域面积仅约为 1 万 km^2,而雅鲁藏布江上游流域面积约为 19 万 km^2,是黑河上游的近 20 倍。水文特征方面,黑河属于干旱区内陆河,年径流深约为 150 mm,而雅鲁藏布江为西藏境内最大的河流,年平均径流深超过 300 mm。冻土分布方面,黑河上游流域多年冻土面积约占流域面积的 60%,而雅鲁藏布江上游流域多年冻土面积仅约占流域面积的 20%。此外,黑河上游流域冰川面积占比很小,冰川变化影响不显著,而雅鲁藏布江流域冰川分布广泛,冰川径流变化对年径流具有较大影响。

表 2-4　青藏高原两个典型流域对比

	黑河上游流域	雅鲁藏布江上游流域
流域面积	约 1 万 km²	约 19 万 km²
年径流量	130～200 mm/13～20 亿 m³	200～400 mm/400～800 亿 m³
多年冻土分布	多年冻土比例超过 50%	多年冻土比例不足 20%
季节性冻土最大冻结深度	较深,深度普遍在 1.5～3 m	较浅,深度普遍小于 1 m
冰川分布	面积约 0.7%,冰川变化影响不显著	面积占比约 3%,冰川变化影响显著

（3）基于站点观测的月径流结果及冻土冻结深度数据,验证了 GBEHM 在雅鲁藏布江流域的模拟效果。结果表明,模型能很好地模拟流域的月径流过程,在奴各沙、羊村及流域出口奴下站点的月径流模拟结果得到的 NSE 均高于 0.85,R^2 基本高于 0.9。模型模拟的土壤冻结深度、冻结融化时间及冻深变化规律等要素在不同站点(不同冻结深度)均与观测值接近,表明 GBEHM 在雅鲁藏布江上游流域能够很好地模拟土壤的冻融过程和冻土的退化过程。

（4）研究采用多年冻土面积比例、多年冻土活动层厚度及季节性冻土最大冻结深度三个指标的变化来表征流域冻土的变化情况;采用年径流、年蒸散发、流域水量平衡、土壤水分等要素分析流域的水文过程变化情况。采用基于弹性系数的多元回归方法进行流域径流和蒸散发变化的归因分析。在传统基于气候弹性系数的归因方法的基础上,将气温的影响进一步划分为通过影响潜在蒸散发变化带来的影响、通过影响冻土变化带来的影响及通过影响冰川变化带来的影响,从而更好地量化冻土变化对流域水文过程的影响。

第3章 高原复杂地形条件下的降水空间插值方法

3.1 高原复杂地形下降水数据的特点

降水是流域生态水文过程的重要输入要素,明晰流域降水的空间分布对于模拟流域的水文过程十分重要(Giorgi, 1989; Taylor et al., 1997; Nykanen et al., 2001; Li et al., 2013b; Kaptué et al., 2015)。

降水常受到地形变化的影响,山顶上的降水量可能与山脚下的降水量有明显不同(Daly et al. 2008; Sanberg and Oerlemans 1983)。在青藏高原地区,不同区域地形变化对降水可能有不同的影响。例如,在青藏高原东北部的祁连山区(即黑河上游流域所在地区),研究表明降水随高程有显著升高趋势(Xiong and Yan, 2013);而在雅鲁藏布江下游大拐弯处,研究表明在海拔较低的区域降水反而更大(Tang et al., 2018)。因此,需要更加密集的地面站点观测来合理估计青藏高原复杂地形下的降水空间分布。然而,由于青藏高原地区地形非常复杂,地面观测站点十分稀少且不均匀,而且通常建在海拔相对较低的地区,因此,站点观测数据难以体现青藏高原不同流域地形变化对降水变化的影响。而诸如卫星观测、雷达观测、模型模拟结果得到的降水数据,也都存在着空间精度较低或在山区误差较大等不足,难以很好地估计青藏高原复杂地形条件下的降水空间分布。

采用多源降水数据融合方法可以同时利用站点观测提供的点尺度精确降水观测信息,以及如卫星降水数据、模型模拟降水数据等参考空间降水分布数据提供的降水空间分布信息,将二者结合,既能估计降水的空间分布,又能依靠站点观测数据来避免降水数据估计的较大不确定性(见图 3-1)。

针对地形变化复杂、站点稀少的青藏高原地区,研究提出了多源降水数据融合方法。方法基于降水空间分布数据(如卫星数据,模型模拟数据等)估计降水-高程关系,并基于站点观测数据进行校正,进而基于降水-高程关系修正地形对降水的影响,从而更合理地估计降水的空间分布。当研究流

图 3-1　多源降水数据融合方法

域缺乏高空间分辨率的参考降水数据及足够的站点验证数据时,降水-高程关系的估计可能具有较大的不确定性。这种情况下采用基于贝叶斯原理的降水数据融合方法估计融合降水的均值和不确定性。

3.2　基于降水-高程关系的降水空间插值方法

卫星观测、模型模拟降水等降水空间分布数据可以在一定程度上体现降水随地形变化的信息。在某些流域,以往研究已经生成了高空间分辨率的降水空间分布数据,如区域气候模型(RCM)模拟降水数据,可以提供更高空间分辨率的降水-高程关系。利用该信息可以更合理地估计降水的空间分布。

3.2.1　方法介绍

3.2.1.1　方法的总体框架

基于降水-高程关系的降水空间插值方法的核心思路为基于站点观测信息及降水空间分布数据(如高空间分辨率的 RCM 模拟结果)提供的空间分布信息,建立日降水气候场。降水气候场表征了多年平均的日降水空间分布情况。进而,基于降水气候场提供的降水空间分布信息及逐日站点降水观测值即可估计逐日降水空间分布结果。该方法的总体框架如图 3-2所示。

3.2.1.2　日降水气候场的建立

站点观测数据提供了点尺度的精确降水值,可以估计站点位置处的日降水气候值,即每个站点观测的多年平均的逐日降水值。降水空间分布数据提供了流域的降水空间分布信息,基于此信息将站点位置处的降水气候值空间插值至研究流域的所有网格。

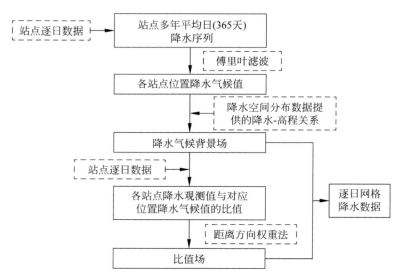

图 3-2　基于降水-高程关系的降水空间插值方法框架

首先,在站点位置处,计算一年 365 天中每一天的多年平均降水,从而得到多年平均日降水序列。之后将该序列进行傅里叶滤波平滑处理,平滑结果即为日降水气候值。

降水空间分布数据提供了降水的空间分布关系,此关系表现为月尺度的降水-高程梯度,估计方法如下:

第一步,将 DEM 数据重采样为与降水空间分布数据一致的空间精度,然后根据重采样后的 DEM 将整个研究区域划分为不同的子区域。每一个子区域由相邻的具有相同主朝向的网格组成。为了避免划分的子区域过于零散,在划分子区域之前,首先将 DEM 进行平滑处理。平滑处理方法如式(3-1)所示:

$$\mathrm{ele}_{m,n} = 0.5\,\mathrm{ele}_{m,n} + 0.125(\mathrm{ele}_{m-1,n} + \mathrm{ele}_{m+1,n} + \mathrm{ele}_{m,n-1} + \mathrm{ele}_{m,n+1})$$

$$(3\text{-}1)$$

其中,$\mathrm{ele}_{m,n}$ 为行数为 m、列数为 n 的网格的海拔高程。重复式(3-1)多次,直至整个研究区域足够平滑,仅保留主要的地形特征。参考 Daly et al. (1994)的研究,分别尝试将地形平滑处理 8,16,24,32,40 次,评价不同次数的平滑处理效果,并选取最合适的处理次数。图 3-3 为地形平滑处理及基于平滑后的地形划分子区域的示意图。

第二步,在每一个子区域上,基于该区域上每个网格的参考降水数据

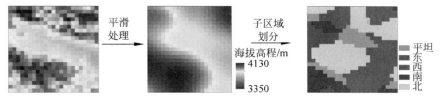

图 3-3　地形平滑处理与子区域划分示意图（见文前彩图）

的月降水值及相应网格的海拔高程数据,采用线性模型估计月降水-高程梯度。假设一月之中每天的降水-高程梯度相同,则可以基于月降水-高程梯度值除以该月的天数从而得到日降水-高程梯度。

第三步为根据站点观测数据校正第二步中得到的降水-高程梯度。由于降水空间分布数据在山区地区的应用可能有较大的不确定性,得到的降水-高程梯度可能会存在误差,因此需要基于站点的观测梯度进行校正。校正方法为分别基于站点观测数据和参考降水数据估计研究区域的平均降水-高程梯度,如基于站点观测数据估计得到的降水-高程梯度为 G_s,而基于参考降水数据得到的降水-高程梯度为 G_R,那么 G_R 和 G_s 的比值即为研究区域中所有子区域的统一的降水-高程梯度校正值。

最后,基于站点位置处的降水气候值,以及不同子区域的降水-高程梯度,将站点位置处的降水气候值空间插值至研究区域的每一个网格,从而得到降水气候场。插值方法采用距离方向权重法(angular distance weighting method,ADW;Shepard,1968;Willmott et al.,1985;New et al.,1999;2000;杨大文 等,2004;Hofstra and New,2009),并在插值过程中考虑降水-高程梯度的影响。相比传统的反距离权重插值方法(inverse distance weighting,IDW;Shepard,1968),ADW 在考虑距离影响的同时,考虑了各个站点与空间插值目标网格之间的角度关系带来的影响,更适用于站点分布不均地区的空间插值。在插值每一个网格 (m,n) 的降水气候值时,选取临界距离 x_0 以内的最近的站点(上限为 8 个)(x_0 为控制空间衰减程度的衰减距离,范围通常为 350~500 km,New et al.,2000),每一个站点 i 的距离权重为

$$w_{0(m,n),i} = (e^{-x/x_0})^t \tag{3-2}$$

其中,x 为插值目标网格 (m,n) 与站点 i 之间的距离;x_0 取 500 km;t 为校正系数,通常取值为 4(New et al.,2000)。而后基于各个站点之间的方向角度关系,对距离权重进行调整。调整系数 $a_{(m,n),i}$ 为

$$a_{(m,n),i} = \frac{\sum_{l=1}^{\text{nos}} w_{0(m,n),l} \left[1 - \cos\theta_{m,n}(i,l)\right]}{\sum_{l=1}^{\text{nos}} w_{0(m,n),l}}, \quad l \neq i \quad (3\text{-}3)$$

其中,$w_{0(m,n),l}$ 为站点 l 的距离权重;$\theta_{m,n}(i,l)$ 为以目标网格(m,n)为中心的站点 i 和 l 的分离角度;nos 为插值目标网格时所用的站点数。最终,修正后的距离方向权重为

$$w_{(m,n),i} = w_{0(m,n),i}(1 + a_{(m,n),i}) \quad (3\text{-}4)$$

进而,网格(m,n)的降水气候值 $P_{\text{cli }m,n}$ 的计算方法为

$$P_{\text{cli }m,n} = \left\{ \sum_{i=1}^{\text{nos}} w_{(m,n),i} \times \left[P_{\text{cli }i} + \overline{S_{(m,n),i}} \times (\text{ele}_{m,n} - \text{ele}_i)\right] \right\} \Big/ \sum_{i=1}^{\text{nos}} w_{(m,n),i}$$

$$(3\text{-}5)$$

其中,$w_{(m,n),i}$ 为第 i 个站点的距离方向权重系数;nos 为用于插值目标网格(m,n)的站点数目;$P_{\text{cli }i}$ 为第 i 个站点的降水气候值;$\text{ele}_{m,n}$ 为目标网格的高程;ele_i 为第 i 个站点的高程;$\overline{S_{(m,n),i}}$ 为站点 i 与目标网格(m,n)之间的平均降水-高程关系,计算方法为

$$\overline{S_{(m,n),i}} = \left\{ \sum_{j=1}^{\text{nop}-1} \left[\text{grad}_j \times (\text{ele}_{j+1} - \text{ele}_j)\right] \right\} \Big/ (\text{ele}_{m,n} - \text{ele}_i) \quad (3\text{-}6)$$

其中,nop 为目标网格和站点 i 沿线之间的网格数量;j 为网格序数,取值为 1 表示站点 i 所在网格,取值为 nop 表示目标网格;grad_j 为第 j 个网格所在的子区域的降水-高程梯度。以如下示意图(图 3-4)为例,示意图中,目标网格(m,n)与站点 i 之间路径上共有 9 个网格,而路径上的平均降水-高程梯度 $\overline{S_{(m,n),i}}$ 即为这 9 个网格的降水-高程梯度值基于每个网格间的高程差的加权平均值。

3.2.1.3　逐日降水空间分布的估计

首先计算站点位置处的日降水与日降水气候值的比值,计算方法为

$$\text{ratio}_i = \frac{P_i}{P_{\text{cli }i}} \quad (3\text{-}7)$$

其中,P_i 为站点 i 的日观测降水;$P_{\text{cli }i}$ 为站点 i 的日降水气候值。之后,将站点位置处的比值空间插值到整个研究区域中。插值方法仍采用距离方向权重法。

为了更合理地估计地形对降水的影响,该方法在日降水空间插值的过

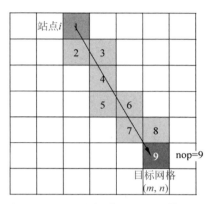

图 3-4 平均降水-高程梯度计算方法

程中考虑高山对降水的阻挡效应。例如,降水往往在迎风坡较多,而在背风坡较少。为合理地估计这一现象,当插值站点与目标网格(m,n)处于山坡同侧时,增加该站点的权重系数,方法为

$$\mu_{(m,n),i} = \beta \times w_{(m,n),i} \tag{3-8}$$

其中,$\mu_{(m,n),i}$为考虑山坡对降水的阻挡效应后的权重系数;$w_{(m,n),i}$为初始的距离方向权重系数;β为大于 1 的校正系数。β的取值由交叉验证结果决定。交叉验证采用留一法,即轮流以每个站点作为验证站点,验证除去该站点以外的所有其余站点的插值效果,交叉验证结果以决定系数R^2为指标。基于不同的β取值可以得到不同的交叉验证结果,当在某个β值下所有站点的平均R^2值最大时,该值即为选用的取值。

考虑山坡对降水的阻挡效应,并校正权重系数之后,每个网格(m,n)的日降水值及日降水气候值比值$\mathrm{ratio}_{m,n}$的空间插值方法为

$$\mathrm{ratio}_{m,n} = \left(\sum_{i=1}^{\mathrm{nos}} \mu_{(m,n),i} \times \mathrm{ratio}_i\right) \Big/ \sum_{i=1}^{\mathrm{nos}} \mu_{(m,n),i} \tag{3-9}$$

其中,nos 为站点数目;ratio_i为第i个站点的比值;$\mu_{(m,n),i}$为第i个站点的距离方向权重系数。

该方法同时考虑了降水空间插值可能带来的误报情况。在站点空间插值过程中,只要某个参与插值的站点显示有降水,则空间插值结果就会显示有降水,这种现象有可能带来降水的误报。为了减小误报造成的误差,在插值过程中考虑了对降水/非降水区域的划分。提出了参数α,将每个网格的比值$\mathrm{ratio}_{m,n}$根据下式进行校正:

$$\begin{cases} \text{ratio}'_{m,n}=0 & (\text{ratio}_{m,n} < \min_{i=1}^{k}(a \times \text{ratio}_i)) \\ \text{ratio}'_{m,n}=\text{ratio}_{m,n} & (\text{ratio}_{m,n} \geqslant \min_{i=1}^{k}(a \times \text{ratio}_i)) \end{cases} \quad (3\text{-}10)$$

其中，$\text{ratio}'_{m,n}$ 为校正后的比值；k 为参与目标网格的所有站点中显示有降水的站点数量；ratio_i 为站点比值。参数 a 的取值范围为 $0\sim1$，具体数值根据插值结果的误报漏报情况决定。

最终，日网格降水结果由下式得到：

$$P_{m,n}=P_{\text{cli }m,n} \times \text{ratio}'_{m,n} \quad (3\text{-}11)$$

其中，$P_{\text{cli }m,n}$ 为目标网格的降水气候值，由式(3-5)得到；$\text{ratio}'_{m,n}$ 为校正后的比值，由式(3-10)得到。

3.2.2 降水融合方法在黑河流域的应用

3.2.2.1 研究流域及采用数据

将 3.2.1 节所述的方法应用于黑河流域。采用的数据包括黑河流域的 DEM 数据及降水数据。DEM 数据来自 SRTM(shuttle radar topography mission; Jarvis et al., 2008)数据集，原始 DEM 数据的空间分辨率为 90 m。降水量数据包括地面站点观测数据和区域气候模式模拟降水数据。此外，黑河上游流域的实验站点观测降水数据用于降水-高程梯度的校正及降水数据融合结果的验证。

站点降水观测数据包括黑河流域及周边的 15 个国家气象站和 25 个水文站观测到的日降水量数据。不同站点的观测数据由于建站时间不同而有不同的观测年限，在应用时仅采用每个站点已有观测时段的观测数据，没有对缺失数据进行插补。

降水空间分布数据采用 Xiong 和 Yan(2013)在黑河流域基于 RIEMS 2.0 模式(Xiong et al., 2009)建立的 3 km 空间分辨率的区域气候模型模拟结果。模型在黑河流域利用地面观测和遥感观测的植被和土壤等数据和参数对模型的重要参数进行了重新标定，从而获得了较高的模拟降水空间分辨率，可以较好地模拟流域降水量的空间分布。模型模拟生成了 1980—2010 年 3 km 分辨率的黑河流域降水产品，并通过气象观测结果进行了验证，结果表明产品在黑河流域大部分地区具有良好的模拟结果，但在上游山区有较大程度的高估(Xiong and Yan, 2013)。

Chen et al.(2013)在黑河上游山区葫芦沟实验小流域的 4 个不同海拔高程的站点观测了降水数据。葫芦沟小流域临近扎马什克水文站,流域面积约为 25 km^2,海拔范围为 2960～4800 m。基于小流域 4 个站点的降水观测,可以对基于 RCM 模拟降水估计得到的降水-高程梯度值进行验证和校正。此外,葫芦沟流域出口站点(海拔 2980 m)具有 2011—2013 年的逐日降水数据观测,可作为独立站点对融合降水结果进行验证。除了该站以外,阿柔阳坡站(海拔 3529 m)在 2014 年具有逐日观测数据(Liu et al.,2011),同样可以用来验证降水融合结果。上述实验观测站的数据来自于黑河计划数据管理中心(http://www.heihedata.org,Liu et al.,2011;Chen et al.,2013;2014;2015;Li et al.,2013a)。

3.2.2.2　3-km 空间精度网格降水数据的生成

首先将原始精度的 DEM 采用双线性插值的方法重采样到 3-km 空间精度,与 RCM 模拟结果的空间精度一致。之后,将重采样后的 DEM 进行平滑处理,并基于平滑后的 DEM 将整个流域根据东、西、南、北和平坦划分为不同的子区域(图 3-5)。进而在每个子区域上,基于子区域中的所有网格的 RCM 模拟降水和高程线性回归得到子区域的降水-高程梯度。

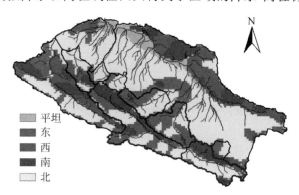

平坦
东
西
南
北

图 3-5　研究区域的子区域划分结果(见文前彩图)

进而,通过站点观测数据将基于 RCM 模拟结果得到的降水-高程梯度进行校正。黑河流域山区地区共有 18 个降水观测站(包括气象站和水文站),分布在海拔高程 1700～3400 m 范围,基于站点观测得到的年降水量随高程变化梯度估计值约为 170 mm/km,而基于 RCM 模拟结果估计的海拔 1700～3400 m 范围内的年降水量高程梯度估计值约为 340 mm/km

(图 3-6)。因此,将各个子区域的基于 RCM 模拟结果估计的降水高度梯度均按 170/340(=0.5)的比率进行调整。在葫芦沟小流域将基于 RCM 降水估计的逐月降水-高程梯度与实测值对比(图 3-7),其比例与基于整个山区地区估计得到的比例(0.5)相近,说明该校正比例是合理的。校正后不同子流域的降水-高程梯度结果如图 3-8 所示。

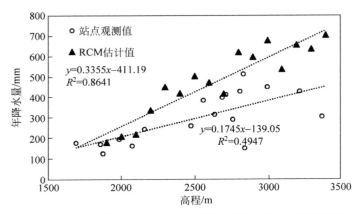

图 3-6   基于站点观测和基于 RCM 模拟结果的年降水-高程梯度值

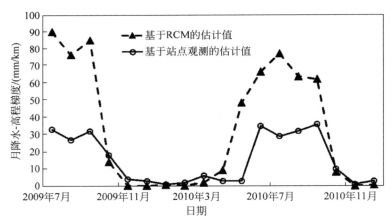

图 3-7   葫芦沟实验流域基于站点观测和基于 RCM 模拟结果的
月降水-高程梯度值

　　进而,基于站点降水气候值及校正后的降水-高程梯度,利用式(3-5)计算得到日降水气候场。之后,利用式(3-9)和式(3-10)计算每个网格的日降

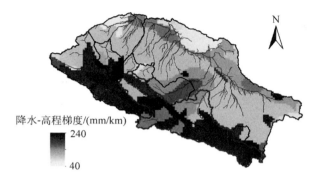

图 3-8　研究区域不同子区域的年降水-高程梯度（见文前彩图）

水与日降水气候值的比值,最后利用式(3-11)估计逐日网格降水空间分布结果。

3.2.3　降水融合方法及融合降水结果的合理性评价

采用留一法(leave-one-out)交叉验证方法评价降水融合结果。图 3-9 为交叉验证分析结果,验证指标分别为年均相对误差 MRE 及年均绝对误差 MAE。结果表明,大多数站点的相对误差小于 30%,绝对误差小于 50 mm,证明了降水融合方法在研究流域具有良好的应用效果。特别地,在上游山区地区误差较小,年均绝对误差小于 70 mm,相对误差小于 15%,证明了该方法对于提高山区地区的降水空间分布估计效果更为显著。

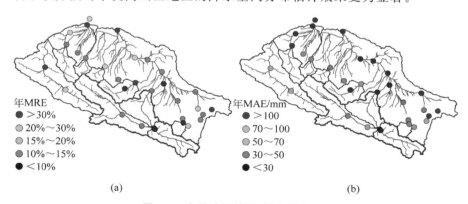

图 3-9　交叉验证结果（见文前彩图）

（a）年均相对误差 MRE；（b）年均绝对误差 MAE

图 3-10 采用高山地区的两个独立实验站点（阿柔阳坡站和葫芦沟站）进行日降水融合结果的验证。将阿柔阳坡站的融合降水结果和观测降水对比，日 MAE 为 2.5 mm，R^2 为 0.71；将葫芦沟站的融合降水结果和观测降水对比，日 MAE 为 1.4 mm，R^2 为 0.72。两个站点均显示了很小的误差值和较高的 R^2 值，表明日降水融合结果与站点观测值相近，是合理可靠的。

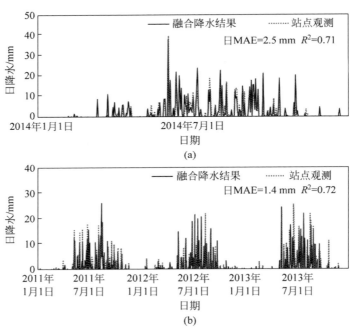

图 3-10   基于山区独立站点的日降水插值结果验证

（a）阿柔阳坡站；（b）葫芦沟站

表 3-1 从水量平衡的角度分析了融合降水结果与其他两种降水数据在黑河流域各个子流域平均年降水量与年实际蒸散发量和径流深之和的比较结果。两种降水产品分别为 RCM 模拟结果及沈艳等（2010）基于站点数据生成的全国 0.25 度网格降水产品（China gauge-based daily precipitation analysis，CGDPA）。年径流深基于水文站点观测得到，蒸散发数据来自于"黑河计划"下开发的遥感的实际蒸散量数据集（Wu et al.，2012；Wu，2013）。总体来说，融合降水和 CGDPA 降水在各个流域较为接近实际蒸散量和径流深度之和，而 RCM 模拟的降水量远远大于实际蒸散量和径流深

度之和。在研究区域西部的讨赖河流域(冰沟站上游)和洪水河流域(新地站上游,见图 3-5)的融合降水多年平均年降水值分别为 312 mm 和 365 mm。而 CGDPA 降水在两个流域的多年平均年降水值分别为 430 mm 和 425 mm。两个流域的实际蒸散发量和径流深之和的长期平均值分别为 282 mm 和 313 mm,更接近于融合降水结果,而 CGDPA 降水显著偏高。上述基于水量平衡的分析表明,融合降水结果更加合理。

表 3-1　2001—2010 年不同子流域年均水量平衡分析

流域(水文站)	年降水/mm			年蒸散发与径流深之和/mm
	融合结果	CGDPA	RCM	
上游流域(莺落峡)	488	474	700	485
上游西支(扎马什克)	491	477	641	469
上游东支(祁连)	531	526	795	526
洪水河(双树寺)	580	536	814	487
梨园河(梨园堡)	396	400	492	275
红沙河(红沙河)	430	410	538	359
丰乐河(丰乐河)	386	423	552	352
洪水河(新地)	393	425	453	313
讨赖河(冰沟)	336	430	375	282

上述结果与分析论证了降水融合方法与融合降水结果的合理性。总体上,该方法在高空间分辨率提供的降水-高程关系的基础上,利用站点观测数据将降水-高程关系进行验证和校正,从而得到较为合理的流域降水-高程关系的空间分布,并据此估计降水的空间分布。在研究流域具有高空间分辨率降水数据及相对充足的站点验证数据(如黑河上游的葫芦沟小流域的实验站点)时,该方法具有良好的应用效果。然而,当流域缺乏高空间分辨率的降水数据及足够的站点验证信息时,基于参考降水数据得到的降水-高程关系空间精度较低,且未经站点数据验证,可能具有较大的不确定性。

3.3　基于贝叶斯原理的降水数据融合方法

不同的降水数据(包括站点空间插值降水、卫星降水、RCM 模拟降水等)均存在不确定性。在 3.2 节所述方法中,降水空间分布数据可能具有较大的不确定性,当缺乏足够多的地面站点数据进行验证时,基于降水空间分布数据估计的降水-高程关系可能也具有较大不确定性,从而导致融合降水结果的不确定性。

本节所述的基于贝叶斯原理的降水融合方法可以识别不同降水的相对有效信息,并估计不同降水数据及降水融合结果的不确定性的空间分布。在缺乏高空间分辨率的降水数据及充足的站点验证信息时,此方法利用站点观测数据估计降水-高程关系,并利用不同的参考降水数据(如卫星数据和模型模拟数据)提供的信息来减少站点空间插值结果的不确定性,最终得到融合降水数据的均值和不确定性的空间分布。

3.3.1 方法介绍

3.3.1.1 方法的总体框架

方法的核心思路为基于贝叶斯模型分析不同降水数据,包括地面站点的降水观测和参考空间降水数据(如卫星降水数据、模型模拟降水数据等)的有效信息,并将不同数据进行融合来估计降水空间分布的真值和不确定性。

首先,将目标研究区域空间离散化为具有合适的空间精度(如 5 km)的网格单元。假设研究区域总共划分为 n 个网格,以 $\boldsymbol{u}_i$ 表示第 i 个网格的网格中心位置,$x(\boldsymbol{u}_i)$ 表示第 i 个网格的降水真值,其中 $i \in N = \{1, 2, \cdots, n\}$。将不同参考降水数据重采样(通常为降尺度)至相同空间精度的网格,并假设 $y_1(\boldsymbol{u}_i), y_2(\boldsymbol{u}_i), \cdots, y_m(\boldsymbol{u}_i)$ 为 m 套不同的参考降水在第 i 个网格的降水值。假设 N_0 为存在站点观测信息的网格集,因此仅需要估计其余网格处($i \in N \backslash N_0$)的降水真值 $x(\boldsymbol{u}_i)$。

具体来说,采用两阶段方法在网格尺度进行多源降水数据融合(Chen et al.,2001)。首先,基于地统计的方法(Kitanidis,1997)将地面站点观测降水数据 $\{x(\boldsymbol{u}_i), i \in N_0\}$ 空间插值至每一个没有地面观测数据的网格(即 $i \in N \backslash N_0$),并将插值结果定义为降水的先验分布。之后,基于参考降水数据来校正先验分布,从而得到降水的后验分布信息,即降水数据的融合结果。网格尺度的贝叶斯模型如下所示:

$$f(x(\boldsymbol{u}_i) \mid y_1(\boldsymbol{u}_i), \cdots, y_m(\boldsymbol{u}_i)) \propto f(x(\boldsymbol{u}_i)) \times \prod_{k=1}^{m} f(y_k(\boldsymbol{u}_i) \mid x(\boldsymbol{u}_i))$$

$$(3\text{-}12)$$

其中,$f(\cdot)$ 为降水数据的先验分布;$f(\cdot \mid \cdot)$ 为参考降水的似然函数(或称条件概率分布)。两个部分具体的表达与计算方法在下文中分别详细介绍。

3.3.1.2　参考降水的似然函数

首先,将地面观测数据与相应位置处的参考降水数据建立相关关系。以往研究表明,卫星降水观测及模型模拟降水结果均能与地面站点观测降水数据建立相关关系,该相关关系可用线性或非线性统计关系表达(Cuo and Zhang,2017;Tong et al.,2014)。其中,最常用的两个相关关系表达方式为加法模型(additive error model)和乘法模型(multiplicative error model)(李哲,2015;Tian et al.,2013)。为了便于介绍,下文中以加法模型为例进行详细介绍。

在加法模型中,假设地面站点观测值与相应位置处的参考降水值可以用线性模型估计,如式(3-13)所示:

$$y_k(\boldsymbol{u}_i) = a_k(\boldsymbol{u}_i) + b_k(\boldsymbol{u}_i)x(\boldsymbol{u}_i) + \varepsilon_k(\boldsymbol{u}_i) \quad i \in N_0 \qquad (3\text{-}13)$$

其中,$a_k(\boldsymbol{u}_i)$和$b_k(\boldsymbol{u}_i)$分别为基于第 k 套参考降水数据与地面观测数据建立的线性模型的截距和坡度;$\varepsilon_k(\boldsymbol{u}_i)$为线性模型的残差,假设其服从以 0 为均值、$\sigma_k(\boldsymbol{u}_i)$为标准差的正态分布。上述参数的估计可以基于每一个站点观测数据 $x(\boldsymbol{u}_i)$ 与对应网格处的参考降水数据 $y_k(\boldsymbol{u}_i)$ 建立线性回归关系得到。由于一年之中不同时段的参考降水与地面站点观测降水的相关关系可能有较大差异,上述相关关系与对应的参数 $a_k(\boldsymbol{u}_i)$、$b_k(\boldsymbol{u}_i)$和$\sigma_k(\boldsymbol{u}_i)$在一年中的 12 个月分别进行估计。得到每个站点位置处的相关关系与 $a_k(\boldsymbol{u}_i)$、$b_k(\boldsymbol{u}_i)$和$\sigma_k(\boldsymbol{u}_i)$参数值之后,基于站点值将三个参数空间插值到其余网格。空间插值方法采用距离方向权重法(ADW)。最终,基于每个网格的 $a_k(\boldsymbol{u}_i)$、$b_k(\boldsymbol{u}_i)$和$\sigma_k(\boldsymbol{u}_i)$参数值得到每个网格的似然函数表达方式,如式(3-14)所示:

$$f(y_k(\boldsymbol{u}_i) \mid x(\boldsymbol{u}_i)) \propto \frac{1}{\sigma_k(\boldsymbol{u}_i)} \times$$

$$\exp\left\{-\frac{1}{2\sigma_k^2(\boldsymbol{u}_i)}\left[y_k(\boldsymbol{u}_i) - (a_k(\boldsymbol{u}_i) + b_k(\boldsymbol{u}_i)x(\boldsymbol{u}_i))\right]^2\right\}$$

$$(3\text{-}14)$$

在基于乘法模型建立似然函数时,将地面站点观测数据与参考降水数据取对数,并基于对数值建立线性模型。剩余步骤与基于加法模型的似然函数估计方法一致。

3.3.1.3　基于站点数据空间插值的降水先验分布

总体上,采用 ADW 插值方法将站点观测降水进行空间插值,并将空间插值结果定义为降水的先验分布。同样假设降水先验分布的估计残差服从正态分布。

　　具体来说，首先估计站点空间插值的不确定性。站点空间插值的不确定性的空间分布与插值目标网格和站点间的距离相关。例如，通常来说，距离观测站点越近的网格，空间插值结果的不确定性越小；而距离站点越远的网格，降水的空间插值结果往往较大。在此情况下，可建立距离与不确定性之间的相关关系，来表征站点空间插值的不确定性。在地统计学中，假设插值的不确定性满足平稳性假设，即空间插值的不确定性仅与距离有关，不因地域其他要素的不同而改变。采用半变异函数来表征降水空间插值的不确定性与距离之间的关系（Haberlandt，2007；Ly et al.，2011；Rogelis and Werner，2013），其表达形式为（Cressie，1993；李哲，2015）

$$\hat{\gamma}(\boldsymbol{h}) = \frac{1}{2n(\boldsymbol{h})} \sum_{i=1}^{n(\boldsymbol{h})} [x(\boldsymbol{u}_i + \boldsymbol{h}) - x(\boldsymbol{u}_i)]^2 \tag{3-15}$$

其中，$n(\boldsymbol{h})$ 为相互距离为 $\boldsymbol{h}$ 的站点对数；$x(\boldsymbol{u}_i + \boldsymbol{h})$ 和 $x(\boldsymbol{u}_i)$ 为相互距离为 $\boldsymbol{h}$ 的两个站点的降水值。基于研究区域所有的站点数据，就可以得到不同距离 $\boldsymbol{h}$ 下的平均不确定性 $\hat{\gamma}(\boldsymbol{h})$。以距离 $\boldsymbol{h}$ 为横坐标，$\hat{\gamma}(\boldsymbol{h})$ 为纵坐标，基于每对站点数据以离散点形式绘出二者之间的相关关系。之后，基于离散数据，采用指数模型或球形模型来拟合出 $\hat{\gamma}(\boldsymbol{h})$ 的经验表达式（Cressie，1993）。

　　在地形复杂的区域，高程变化对降水有显著影响，因此站点空间插值的不确定性不仅与距离有关（即空间平稳性假设不能满足）。为了考虑高程的影响，在式（3-15）中加入高程要素，得到新的不确定性表达关系：

$$\hat{\gamma}(\boldsymbol{h}) = \frac{1}{2n(\boldsymbol{h})} \sum_{i=1}^{n(\boldsymbol{h})} \{[x(\boldsymbol{u}_i + \boldsymbol{h}) - S(\boldsymbol{u}_i, \boldsymbol{u}_i + \boldsymbol{h}) \cdot \mathrm{ele}(\boldsymbol{u}_i + \boldsymbol{h})] -$$
$$[x(\boldsymbol{u}_i) - S(\boldsymbol{u}_i, \boldsymbol{u}_i + \boldsymbol{h}) \cdot \mathrm{ele}(\boldsymbol{u}_i)]\}^2$$
$$= \frac{1}{2n(\boldsymbol{h})} \sum_{i=1}^{n(\boldsymbol{h})} \{x(\boldsymbol{u}_i + \boldsymbol{h}) - x(\boldsymbol{u}_i) - S(\boldsymbol{u}_i, \boldsymbol{u}_i + \boldsymbol{h}) \cdot$$
$$[\mathrm{ele}(\boldsymbol{u}_i + \boldsymbol{h}) - \mathrm{ele}(\boldsymbol{u}_i)]\}^2 \tag{3-16}$$

其中，$\mathrm{ele}(\boldsymbol{u}_i + \boldsymbol{h})$ 和 $\mathrm{ele}(\boldsymbol{u}_i)$ 分别为两个站点的海拔高程；$S(\boldsymbol{u}_i, \boldsymbol{u}_i + \boldsymbol{h})$ 为两个站点之间路径上的平均降水-高程梯度。平均梯度的计算如式（3-17）所示（Wang et al.，2017）：

$$S(\boldsymbol{u}_i, \boldsymbol{u}_i + \boldsymbol{h}) = \left\{ \sum_{j=1}^{\mathrm{Nop}-1} [\mathrm{slope}_j \times (\mathrm{ele}(\boldsymbol{u}_{j+1}) - \mathrm{ele}(\boldsymbol{u}_j))] \middle/ \right.$$
$$\left. (\mathrm{ele}(\boldsymbol{u}_i + \boldsymbol{h}) - \mathrm{ele}(\boldsymbol{u}_i)) \right\} \tag{3-17}$$

其中,Nop 为两个网格 $\boldsymbol{u}_i$ 和($\boldsymbol{u}_i+\boldsymbol{h}$)之间路径上的网格数目;$j$ 为该 Nop 个网格的排列序号,当 $j=1$ 时即为网格 $\boldsymbol{u}_i$,$j=$ Nop 时即为网格($\boldsymbol{u}_i+\boldsymbol{h}$);slope$_j$ 为第 j 个网格的降水-高程梯度,该梯度由网格周边站点的降水数据与站点高程数据线性回归得到。

在估计降水空间插值的不确定性与距离和高程之间的相关关系经验公式后,即可以估计降水空间插值的不确定性的空间分布。采用 ADW 对降水进行空间插值,每个网格(如 $\boldsymbol{u}_i$)的降水空间插值结果表示为

$$x_{\text{ADW}}(\boldsymbol{u}_i) = \sum_{g=1}^{\text{Nog}} \{w_g(\boldsymbol{u}_i) \times [x(\boldsymbol{u}_g) + S(\boldsymbol{u}_i, \boldsymbol{h}(\boldsymbol{u}_g, \boldsymbol{u}_i)) \times$$
$$(\text{ele}(\boldsymbol{u}_i) - \text{ele}(\boldsymbol{u}_g))]\} \Big/ \sum_{g=1}^{\text{Nog}} w_g(\boldsymbol{u}_i) \quad (3\text{-}18)$$

其中,Nog 为插值用站点数目;$w_g(\boldsymbol{u}_i)$ 为站点 g 的距离方向权重。站点空间插值的方差表示为(Delhomme,1978)

$$\sigma_{\text{ADW}}^2(\boldsymbol{u}_i) = 2\sum_{g=1}^{\text{Nog}} w_g(\boldsymbol{u}_i) \cdot \hat{\gamma}(\boldsymbol{h}(\boldsymbol{u}_g, \boldsymbol{u}_i)) - \sum_{g=1}^{\text{Nog}} \sum_{l=1}^{\text{Nog}} w_g(\boldsymbol{u}_i) \cdot$$
$$w_l(\boldsymbol{u}_i) \cdot \hat{\gamma}(\boldsymbol{h}(\boldsymbol{u}_g, \boldsymbol{u}_l)) - \hat{\gamma}(0) \quad (3\text{-}19)$$

基于式(3-18)和式(3-19),降水估计的先验分布表达为以站点插值降水($x_{\text{ADW}}(\boldsymbol{u}_i)$)为均值、$\sigma_{\text{ADW}}^2(\boldsymbol{u}_i)$ 为方差的正态分布,表达形式如式(3-20)所示:

$$f(x(\boldsymbol{u}_i)) \propto \frac{1}{\sigma_{\text{ADW}}(\boldsymbol{u}_i)} \exp\left\{-\frac{1}{2\sigma_{\text{ADW}}^2(\boldsymbol{u}_i)}[x(\boldsymbol{u}_i) - x_{\text{ADW}}(\boldsymbol{u}_i)]^2\right\}$$
$$(3\text{-}20)$$

上述方法中的降水-高程梯度是在月尺度上估计得到。在日尺度上,由于日降水有很大的时空变异性,不同场次的降水可能有明显不同的降水-高程梯度。因此,在日尺度的降水空间插值上,首先基于月降水的空间插值结果得到多年平均月降水的空间分布来作为降水的气候背景场,并假设日降水气候背景场等于月降水气候背景场除以该月的天数。之后,计算每个站点处的日降水观测值与该位置的站点气候值的比值(Wang et al.,2017),如式(3-21)所示:

$$\text{ratio}(\boldsymbol{u}_i) = \frac{x(\boldsymbol{u}_i)}{x_{\text{cli}}(\boldsymbol{u}_i)} \quad (3\text{-}21)$$

其中,$x_{\text{cli}}(\boldsymbol{u}_i)$ 为站点 $\boldsymbol{u}_i$ 处的日降水气候值。之后,基于站点位置处的比值采用 ADW 进行空间插值。相应地,日尺度上,半变异函数的表达形式如下式所示:

$$\hat{\gamma}(\boldsymbol{h}) = \frac{1}{2n(\boldsymbol{h})} \sum_{i=1}^{n(\boldsymbol{h})} \left[\mathrm{ratio}(\boldsymbol{u}_i + \boldsymbol{h}) - \mathrm{ratio}(\boldsymbol{u}_i)\right]^2 \qquad (3\text{-}22)$$

而日降水插值结果的均值和方差也分别修改为

$$E(x(\boldsymbol{u}_i)) = x_{\mathrm{cli}}(\boldsymbol{u}_i) \times \mathrm{ratio}_{\mathrm{ADW}}(\boldsymbol{u}_i)$$

$$= x_{\mathrm{cli}}(\boldsymbol{u}_i) \times \left\{ \sum_{g=1}^{\mathrm{Nog}} \left[w_g(\boldsymbol{u}_i) \times \mathrm{ratio}(\boldsymbol{u}_g)\right] \right\} \bigg/ \sum_{g=1}^{\mathrm{Nog}} w_g(\boldsymbol{u}_i)$$

$$(3\text{-}23)$$

$$\sigma_{\mathrm{ADW}}^2(\boldsymbol{u}_i) = x_{\mathrm{cli}}^2(\boldsymbol{u}_i) \times \left[2 \sum_{g=1}^{\mathrm{Nog}} w_g(\boldsymbol{u}_i) \cdot \hat{\gamma}(h(\boldsymbol{u}_g, \boldsymbol{u}_i)) - \right.$$

$$\left. \sum_{g=1}^{\mathrm{Nog}} \sum_{l=1}^{\mathrm{Nog}} w_g(\boldsymbol{u}_i) \cdot w_l(\boldsymbol{u}_i) \cdot \hat{\gamma}(h(\boldsymbol{u}_g, \boldsymbol{u}_l)) - \hat{\gamma}(0) \right]$$

$$(3\text{-}24)$$

由于降水气候值的空间分布已经包含了地形变化对降水的影响,因此在比值的空间插值过程中不需要再进一步考虑高程的影响。

3.3.1.4 后验分布与马尔可夫链-蒙特卡罗方法

基于先验分布和似然函数的估计结果,网格尺度的后验分布表达如下:

$$f(x(\boldsymbol{u}_i) \mid y_1(\boldsymbol{u}_i), \cdots, y_m(\boldsymbol{u}_i)) \propto$$

$$\frac{1}{\sigma_{\mathrm{ADW}}(\boldsymbol{u}_i)} \exp \left\{ -\frac{1}{2\sigma_{\mathrm{ADW}}^2(\boldsymbol{u}_i)} \left[x(\boldsymbol{u}_i) - x_{\mathrm{ADW}}(\boldsymbol{u}_i)\right]^2 \right\} \times$$

$$\prod_{k=1}^m \frac{1}{\sigma_k(\boldsymbol{u}_i)} \exp \left\{ -\frac{1}{2\sigma_k^2(\boldsymbol{u}_i)} \left[y_k(\boldsymbol{u}_i) - (a_k(\boldsymbol{u}_i) + \right.\right.$$

$$\left.\left. b_k(\boldsymbol{u}_i) x(\boldsymbol{u}_i))\right]^2 \right\} \qquad (3\text{-}25)$$

由式(3-25)可知,降水的后验分布 $x(\boldsymbol{u}_i)$ 仍服从正态分布:

$$f(x(\boldsymbol{u}_i) \mid y_1(\boldsymbol{u}_i), \cdots, y_m(\boldsymbol{u}_i)) \propto$$

$$\frac{1}{\sigma_{\mathrm{ADW}}(\boldsymbol{u}_i)} \exp \left\{ -0.5\tau_k(\boldsymbol{u}_i) \left[x(\boldsymbol{u}_i) - x_{\mathrm{ADW}}(\boldsymbol{u}_i)\right]^2 \right\} \times$$

$$\prod_{k=1}^m \frac{1}{\sigma_k(\boldsymbol{u}_i)} \exp \left\{ -0.5\tau_{\mathrm{ADW}}(\boldsymbol{u}_i) \left[y_k(\boldsymbol{u}_i) - (a_k(\boldsymbol{u}_i) + \right.\right.$$

$$\left.\left. b_k(\boldsymbol{u}_i) x(\boldsymbol{u}_i))\right]^2 \right\} \propto N(x_{\mathrm{POST}}(\boldsymbol{u}_i), \tau_{\mathrm{POST}}(\boldsymbol{u}_i)) \qquad (3\text{-}26)$$

其中,$\tau_k(\boldsymbol{u}_i)$ 和 $\tau_{\mathrm{ADW}}(\boldsymbol{u}_i)$ 分别为先验分布和似然函数的逆方差;$x_{\mathrm{POST}}(\boldsymbol{u}_i)$ 和 $\tau_{\mathrm{POST}}(\boldsymbol{u}_i)$ 则为后验分布的均值和逆方差。

当所有参考降水 $y_k(\boldsymbol{u}_i)$ 与站点观测降水 $x(\boldsymbol{u}_i)$ 的相关关系均采用加法模型来表示时,式(3-26)的解析解为

$$
\begin{cases}
\tau_{\text{POST}}(\boldsymbol{u}_i) = \displaystyle\sum_{k=1}^{m} b_k^2(\boldsymbol{u}_i)\tau_k(\boldsymbol{u}_i) + \tau_{\text{ADW}}(\boldsymbol{u}_i) \\
x_{\text{POST}}(\boldsymbol{u}_i) = \Big[\displaystyle\sum_{k=1}^{m} b_k(\boldsymbol{u}_i)\tau_k(\boldsymbol{u}_i)y_k(\boldsymbol{u}_i) + \\
\qquad\qquad \tau_{\text{ADW}}(\boldsymbol{u}_i)x_{\text{ADW}}(\boldsymbol{u}_i)\Big]\big/\tau_{\text{POST}}(\boldsymbol{u}_i)
\end{cases}
\quad (3\text{-}27)
$$

然而,如果存在一个或多个参考降水数据 $y_k(\boldsymbol{u}_i)$ 与站点数据 $x(\boldsymbol{u}_i)$ 的相关关系用乘法模型表示,则式(3-26)不能直接求解。这种情况下,采用马尔可夫链-蒙特卡罗抽样方法来估计 $x(\boldsymbol{u}_i)$ 的均值和方差。

3.3.2　降水融合方法在青藏高原的应用

3.3.2.1　应用区域介绍

基于贝叶斯原理的降水数据融合方法具有广泛的适用性,可以基于各种降水空间分布数据在任何流域进行应用。研究将此方法应用于中国境内青藏高原地区及青藏高原周边地区(包括西北塔里木盆地、内陆河流域等)。

青藏高原地理范围广泛,其不同地区的降水分别受东亚季风、南亚季风及西风带的影响或几种类型季风的共同影响(Webster et al.,1998;Schiemann et al.,2008;Maussion et al.,2014),具有很大的空间变异性。根据站点观测数据,青藏高原年降水可从最西北部分盆地边缘的 20 mm 到东南边的 1900 mm(Cuo and Zhang,2017)。此外,青藏高原地形变化复杂,海拔高程从其边缘盆地的 -100 m 左右到高原山峰的 7300 m,其剧烈的地形变化也影响着降水的空间分布。例如,以往研究表明,在青藏高原东北部的祁连山区,降水随高程的升高而上升;而在雅鲁藏布江的下游地区,海拔更低的地方降水更大(Xiong and Yan,2013;Tang et al.,2018)。特别地,青藏高原的各个江河源头,如东部和南部的雅鲁藏布江、怒江、澜沧江、黄河和长江及北部的叶尔羌河、黑河等河流源区,均分布在青藏高原的边缘地区(图 3-12),地形变化尤为剧烈,地形对降水的影响可能更加显著。除了空间变异性很大之外,青藏高原的降水在时间上也具有显著的变异性。根据站点观测数据,超过 70% 的年降水产生在雨季(5—9 月;Cuo and Zhang,2017)。

3.3.2.2　采用数据

降水融合采用的数据包括 DEM 数据和降水数据。DEM 数据采用

SRTM(Jarvis et al.，2008)90 m 空间精度数据并采用双线性插值方法重采样(升尺度)至 5-km 计算精度。降水数据包括地面站点观测数据和两套参考降水数据,分别为 TRMM 3B42RT 卫星数据及 ERA-Interim 再分析数据(Berrisford et al.，2011；Dee et al.，2011；Huffman et al.，2007；2010)。

地面站点数据为青藏高原及周边 227 个国家气象站的降水观测数据。该数据自中国气象数据中心获取(http://data.cma.cn)。气象站的日降水观测数据的逐日观测时段为北京时间前一晚 20:00 至当晚 20:00。不同站点的观测数据由于建站时间不同而具有不同的观测年限,在应用时仅采用每个站点已有的观测时段的观测数据,没有对缺失数据进行插补。

卫星降水观测数据采用多卫星降水分析数据 TRMM(TRMM multisatellite precipitation analysis，TMPA，Huffman et al.，2007；2010)准实时产品 TRMM 3B42 RT。数据时间精度为 3 h,空间精度为 0.25°。TRMM 3B42RT 数据自 2000 年 3 月发布起,已在气象、水文研究中得到了广泛应用(Tan and Duan，2017)。虽然 TRMM 3B42RT 数据产品在山区地区常出现高估,但相比其他降水产品,在青藏高原仍有较好的应用效果(Tong et al.，2014；Yan et al.，2017)。将 3 h 降水数据累加至日尺度,并与站点观测数据采用相同的时段(北京时间前一晚 20:00 至当晚 20:00)。

另一套参考降水产品为 ERA-Interim 再分析数据(Dee et al.，2011)。该数据产品为欧洲中期天气预报中心(European Centre for Medium-Range Weather Forecasts，ECMWF；https://www.ecmwf.int/)最新的全球气象再分析数据产品,数据集自 1979 年开始至今。研究采用的逐日降水数据时段仍与站点观测时段保持一致。

降水数据融合时段为 1980—2014 年。其中,自 1980 年至 2000 年 2 月的数据融合采用站点观测数据及 ERA-Interim 再分析数据两种数据;在 2000 年 3 月以后加入 TRMM 3B42RT 卫星数据。

3.3.2.3 5-km 空间精度网格降水数据的生成

首先,采用双线性插值方法分别将 DEM 数据及两种参考降水数据重采样至相同的空间精度(5-km)和参照系兰伯特正形圆锥投影(Lambert conformal conical projection；Hooijberg 1997)。之后,建立站点观测数据及相应位置处的参考降水数据的相关关系。由于青藏高原地区旱季的降水很少,在其西北地区甚至接近于 0,因此两种参考降水和站点观测数据的相关关系均采用加法模型来表示。

基于站点观测数据的空间插值估计降水的先验分布。图 3-11 和图 3-12 对比了月尺度上仅考虑距离影响(式(3-15))及同时考虑距离和高程影响(即式(3-16))的半变异函数。在大多数月份,考虑高程要素之后,降水插值的不确定性明显较低,改善效果在降水多的月份(6—8 月)尤为明显,表明考虑高程要素的修正半变异函数(式(3-16))更加合理。采用指数函数来拟合半变异函数,如图 3-14 所示。

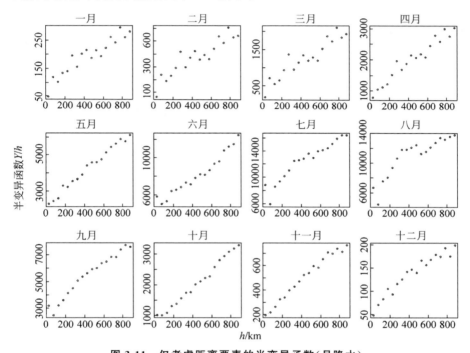

图 3-11　仅考虑距离要素的半变异函数(月降水)

日尺度上的半变异函数表现为日降水值与日降水气候值的比值的不确定性随插值距离的变化。如图 3-13 所示,比值的不确定性在冷季(1 月、2 月、11 月、12 月)更大,这是因为这些月份的降水气候值更低。

3.3.3　降水融合方法及融合降水结果的合理性评价

采用留一法交叉验证方法评价降水融合结果。验证指标包括平均绝对偏差(average absolute error,AAE)和均方根误差(root mean square error,RMSE)。为保证各个降水数据进行交叉验证分析的时间尺度保持一致,统一采用 2000 年 3 月以后的数据进行分析。

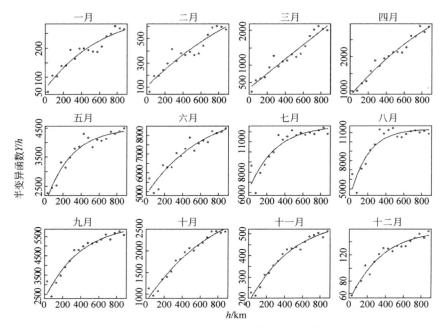

图 3-12　同时考虑距离和高程要素的半变异函数（月降水）

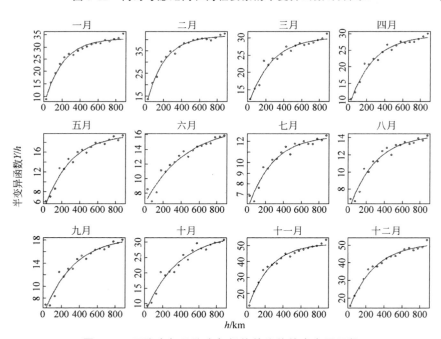

图 3-13　日降水与日降水气候值的比值的半变异函数

表 3-2 给出了贝叶斯融合方法得到的降水(后验估计)和站点插值降水(先验分布)之间 MAAE 的绝对差异和相对差异。结果表明,降水融合方法改进了青藏高原大多数地区的月降水量的估计效果,且在青藏高原边缘的各个江河源区改善最为明显。例如,在青藏高原东北边缘地区(祁连山区)和东南边缘地区(长江、怒江和澜沧江的源头区域),MAAE 绝对值降低超过 5 mm,相对值降低超过 20%,改善最为显著。在青藏高原中西部和南部(雅鲁藏布江流域),MAAE 的绝对值降低 2~5 mm,相对值降低 5%~20%。这些结果表明降水融合方法是有效的,特别是在海拔高度急剧变化的地方(江河源区)效果尤其显著。虽然 ERA-Interim 和 TRMM 3B42RT 数据本身有较大的绝对偏差,但这些参考数据仍然为估算月降水量的空间分布提供了有用的信息。

表 3-2   不同区域的贝叶斯融合方法(后验分布)月尺度交叉验证结果相比站点插值
方法(先验分布)交叉验证结果的 MAAE 的定量比较

青藏高原不同区域	MAAE 绝对变化量/mm	MAAE 相对变化量
东北部(祁连山区)	<−5	<−20%
东南部(长江、怒江和澜沧江的源头区域)	<−5	<−20%
南部(雅鲁藏布江流域)	−2~5	−5%~20%
西北部(塔里木盆地地区)	2~5	>20%
中西部	−2~5	−5%~20%

不过,应当说明的是,并不是所有地区基于融合降水方法的交叉验证结果都相较站点插值降水有所改进。位于青藏高原西北部的塔里木盆地地区的 MAAE 有所增加。可能的原因是在整个研究区域使用了相同的半变异函数,导致了对降水量很少的地区的先验分布的不确定性估计过高,进而使得在后验分布的估计中,站点插值降水的贡献占比较小,从而受到参考降水数据的影响较大。

表 3-3 显示了基于 RMSE 指标的月降水量交叉验证结果。结果同样表明,基于贝叶斯方法的融合降水交叉验证误差(RMSE)最小,且融合降水在青藏高原边缘的改进最为明显,该结论与基于 MAAE 指标的结论一致。

表 3-3　不同区域的贝叶斯融合方法（后验分布）月尺度交叉验证结果相比站点插值
方法（先验分布）交叉验证结果的 RMSE 的定量比较

青藏高原不同区域	RMSE 绝对变化量/mm	RMSE 相对变化量
东北部（祁连山区）	<-5	$<-20\%$
东南部（长江、怒江和澜沧江的源头区域）	<-5	$<-20\%$
南部（雅鲁藏布江流域）	$-2\sim5$	$-5\%\sim40\%$
西北部（塔里木盆地地区）	$2\sim5$	$>20\%$
中西部	$-2\sim5$	$-5\%\sim40\%$

　　表 3-4 显示了不同高程区间的站点插值方法（先验分布）和贝叶斯融合
方法（后验分布）交叉验证结果的定量比较。结果表明，总体而言，融合降水
估计在所有高程带中都具有更低的平均 MAAE 和 RMSE 值。其中，在高
海拔地区（>2000 m），融合降水误差的减小更为显著，MAAE 和 RMSE 的
减少百分比大于 10%。这主要是由于大多数地面站点位于海拔较低的地
区（见表中第 2 行），导致了低海拔地区的站点插值（先验分布）的不确定性
较小，因而后验分布的变化也较小。相比之下，高海拔地区的站点数目稀
少，先验分布的不确定性大，导致后验分布的改善更为显著。这些结果表
明，降水融合方法对高山地区降水量的估计有显著帮助。

表 3-4　不同高程区间的站点插值方法（先验分布）和贝叶斯融合方法（后验分布）
月尺度交叉验证结果的 MAAE 和月尺度 RMSE 的定量比较

海拔高程/m	<1000	$1000\sim2000$	$2000\sim3000$	$3000\sim4000$	>4000
站点数目	42	88	36	39	22
先验分布的 MAAE/mm	21.2	14.4	18.4	17.1	14.4
后验分布的 MAAE/mm	19.9	13.5	14.8	14.0	12.3
MAAE 绝对变化量/mm	-1.3	-0.9	-3.5	-3.2	-2.2
MAAE 相对变化量	-6%	-6%	-19%	-19%	-15%
先验分布的 RMSE/mm	34.2	21.6	25.8	24.9	21.0
后验分布的 RMSE/mm	31.3	20.6	21.8	21.5	19.1
RMSE 绝对变化量/mm	-2.8	-1.0	-3.9	-3.4	-2.0
RMSE 相对变化量	-8%	-5%	-15%	-13%	-9%

　　表 3-5 显示了不同高程区间的站点插值方法（先验分布）和贝叶斯融合
方法（后验分布）交叉验证结果的 DAAE 和日均 RMSE 的定量比较。结果

表明,贝叶斯融合方法在所有海拔地区的 DAAE 和 RMSE 平均值均更低。然而相比月尺度的结果,日尺度的改善程度显著低于月尺度的改善程度(表 3-4),总体来说,DAAE 和 RMSE 的相对降低比例均小于 5%。

表 3-5　不同高程区间的站点插值方法(先验分布)和贝叶斯融合方法(后验分布)
日尺度交叉验证结果的 DAAE 和日尺度 RMSE 的定量比较

海拔高程/m	<1000	1000～2000	2000～3000	3000～4000	>4000
先验分布的 DAAE/mm	4.0	3.0	3.0	2.9	2.8
后验分布的 DAAE/mm	4.0	2.9	2.9	2.8	2.7
DAAE 绝对变化量/mm	0.0	−0.1	−0.2	−0.1	−0.1
DAAE 相对变化量	−1%	−4%	−5%	−2%	−2%
先验分布的 RMSE/mm	8.9	5.8	5.1	4.9	4.5
后验分布的 RMSE/mm	8.6	5.6	4.8	4.8	4.4
RMSE 绝对变化量/mm	−0.3	−0.2	−0.2	−0.1	−0.2
RMSE 相对变化量	−3%	−4%	−5%	−2%	−4%

表 3-6 比较了 5 种不同降水数据在青藏高原不同流域的多年平均年降水量与年径流深度和实际蒸散发量之和。与三种非同化降水产品(即站点插值降水、TRMM 3B42RT 降水和 ERA-Interim 降水)对比,融合降水明显更接近不同流域年径流深度和蒸散发量之和。显然地,TRMM 3B42RT 观测值的 ERA-Interim 再分析数据显著高估了青藏高原各个流域的降水量。与站点插值降水对比,融合降水在大部分流域的降水值更高,且更接近蒸散发和径流量之和,说明融合降水更加合理。其中,在黑河上游、叶尔羌河上游和印度河上游流域站点插值降水与融合降水的差异尤为显著。在叶尔羌河上游,由于站点非常稀少且均位于平原地区。虽然站点插值过程考虑了降水量与高程的关系,但仅基于站点数据仍难以反映山区地区的降水量,导致该流域的降水量被低估。这种情况下,加入参考降水数据提供的降水空间分布信息使得降水的估计显著改善。表 3-6 还给出了 TRMM 3B42V7 在各个流域的降水值。TRMM 3B42V7 降水是一套非准实时卫星降水产品,在准实时卫星降水产品 TRMM 3B42RT 的基础上基于地面站点观测进行校正,从而得到降水融合结果(Huffman et al., 2007;2010;Xue et al., 2013;Yong et al., 2014)。将该数据与基于贝叶斯方法的融合降水数据进行对比,分析融合降水的合理性。总体来说,二者的降水值比较接近。基于贝叶斯方法的融合降水量在五个流域(怒江、澜沧江上游、黑河上

游、叶尔羌河上游和印度河上游)与蒸散发量和径流量之和更为接近,在其他三个流域则 TRMM 3B42V7 的降水量更加接近。由于蒸散发数据本身具有较大的不确定性,因此很难基于此结果判断哪一种数据更加合理。不过,在叶尔羌河上游流域,平均年径流深度为 139 mm,TRMM 3B42V7 的年降水量(155 mm)明显偏小,而基于贝叶斯方法的融合降水的年降水量(243mm)显然更为合理。在山区地区,实时卫星观测(如 TRMM 3B42RT)的降水估计往往误差较大。而在诸如青藏高原西北部(叶尔羌河源头)这样地面观测十分稀疏的地区,仅通过地面观测难以很好地修正误差。在这种情况下,更多种降水数据的融合(如再加入 ERA-Interim 数据)可能会取得更好的降水空间分布估计结果。

表 3-6　基于不同降水数据的不同流域多年平均年降水量及不同流域的年径流深和年蒸散发量之和对比

流域	年降水/mm					年径流深和年蒸散发之和/mm
	TRMM 3B42RT	ERA-Interim	TRMM 3B42V7	站点插值降水	融合降水	
雅鲁藏布江上游	1575	1016	619	402	462	602
怒江上游	1807	858	663	551	620	633
澜沧江上游	1669	789	576	535	631	603
长江上游	1279	601	396	386	401	370
黄河上游	1041	711	519	507	603	538
黑河上游	955	312	440	281	466	471
叶尔羌河上游	439	327	155	77	243	371
印度河上游	1053	553	427	129	247	266

　　表 3-7 显示了基于不同方法(即直接站点插值、ERA-Interim 再分析数据、TRMM 3B42RT 观测和贝叶斯方法)估计的 7 月降水量的误差的标准差的空间分布特征。站点插值的不确定性的空间分布基于半变异函数估计得到,在距站点较远的地方,不确定性明显更大(大部分大于 60 mm)。基于加法模型估计 ERA-Interim 和 TRMM 3B42RT 数据在站点位置处的不确定性,并采用 ADW 将其空间插值,得到两种数据的空间分布。基于两个数据集得到的不确定性在青藏高原北部降水量很低的盆地区域(如塔里木盆地)相对较小(0~40 mm);然而在青藏高原南部地区,基于两种数据估计的误差的标准差均大于 70 mm。与上述三种方法相比,基于贝叶斯方法的标准误差要小得多。整个应用区域的误差的标准差小于 50 mm,相比先

验分布(即站点插值降水)有显著改善。此外,标准差的空间分布模式与季节平均降水量相近,即在降水量越大的地区,降水估计的不确定性也越大。青藏高原西北部地区的降水量较少,误差的标准差基本在 20 mm 以内;而在青藏高原东北部、东部和南部降水量较大的地区,标准差在 20～30 mm。

表 3-7　基于不同方法估计的 7 月降水量的误差的标准差的空间分布特征

方　　法	7 月降水量的误差的标准差的空间分布特征
站点插值	临近站点位置处不确定性小;远离站点处不确定性明显增大(大部分区域大于 60 mm)
ERA-Interim 再分析数据	高纬度地区(青藏高原北部)较小(一般为 0～40 mm);低纬度地区(青藏高原南部)较大(一般大于 70 mm)
TRMM 3B42RT 观测	青藏高原北部地区(低海拔盆地区域)较小(一般为 0～40 mm);青藏高原大部分高海拔地区较大(一般大于 70 mm)
贝叶斯方法	降水量较小地区(青藏高原西北部)一般小于 20 mm;降水量较大地区(青藏高原东南部)一般小于 50 mm

表 3-8 显示了考虑不确定性的青藏高原不同流域的多年平均年降水量的 95%(即 $\alpha = 0.05$)置信区间。总体来说,在降水较多的青藏高原南部流域,年降水估计的不确定性也较大。在雅鲁藏布江、怒江和澜沧江上游,年降水量的 95% 置信区间的波动范围约为 ±100 mm;而在青藏高原东部的黄河上游、长江上游及西部的印度河上游,年降水量 95% 置信区间的波动范围为 ±80～90 mm;在青藏高原北部黑河上游和叶尔羌河上游的不确定性最小,波动范围为 ±60～75 mm。

表 3-8　基于不同降水数据的不同流域多年平均年降水量及不同流域的年径流深和年蒸散发量之和对比

流　　域	年降水量 95% 置信区间/mm
雅鲁藏布江上游	462±104
怒江上游	620±100
澜沧江上游	631±96
长江上游	401±86
黄河上游	603±90
黑河上游	466±74
叶尔羌河上游	243±61
印度河上游	247±84

3.4　典型流域降水空间分布特征

本节阐述了基于多源降水数据融合结果的黑河上游流域及雅鲁藏布江上游流域降水的空间分布特性。其中,黑河上游流域的降水数据由基于高空间精度降水-高程关系的降水空间插值方法估计得到;雅鲁藏布江上游流域的降水数据由基于贝叶斯原理的降水融合方法估计得到。

3.4.1　黑河上游流域年降水空间分布特征

图 3-14 显示了黑河上游流域多年平均年降水空间分布的估计结果。结果表明,黑河上游流域降水有明显的随高程升高而升高的现象。相较在河道附近的低海拔地区,远离河道的高山地区的年降水量显著偏高。在山区地区,年降水量最高可达 800 mm 左右,而在靠近上游山区出口位置(莺落峡水文站周边)的低海拔地区,年降水量仅约为 50 mm,表明黑河上游山区的年降水量具有十分显著的空间变异性。由于黑河上游流域多年冻土面积占比较大且均分布于高海拔地区(详见 2.2 节),因此可以判断黑河上游流域降水主要分布在多年冻土区。

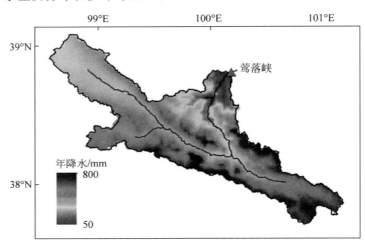

图 3-14　黑河上游流域过去 30 年(1980—2010 年)平均年降水空间分布

3.4.2　雅鲁藏布江上游流域年降水空间分布特征

图 3-15 显示了雅鲁藏布江上游流域多年平均年降水空间分布的估计

结果。结果表明,雅鲁藏布江流域降水普遍有自上游至下游(自西向东)显著增加的趋势,年降水从最西端的不足 200 mm 增加至最下游低海拔地区的超过 1000 mm。在下游(特别是奴下站以下)的低海拔地区,降水增加十分显著,证明了该地区降水随海拔下降而上升的现象。而在上游地区(特别是羊村站以上地区),降水随高程变化并不显著。

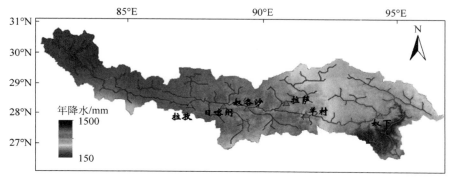

图 3-15　雅鲁藏布江上游流域过去 30 年(1980—2010 年)平均年降水空间分布

3.5　小　　结

　　本章针对地形复杂、站点稀少的青藏高原地区,提出了多源降水数据融合方法。阐述了该方法的原理与步骤,将该方法在青藏高原地区进行应用并评估了方法及降水融合结果的合理性。最后,基于融合降水数据分析了黑河上游流域和雅鲁藏布江上游流域的降水空间分布特征。主要结论整理见表 3-9 和表 3-10。

表 3-9　多源降水数据融合方法特点

	基于降水-高程关系的降水空间插值方法	基于贝叶斯原理的融合方法
适用条件	适用于具有高空间分辨率降水数据以及地面站点验证信息的情况	基于任何降水数据,在任何研究地区都适用
降水-高程关系的估计	基于降水空间分布数据和地形数据估计,经站点数据校正	基于站点数据和地形数据估计
是否能够估计降水融合结果的不确定性	否	是

表 3-10　不同典型流域降水空间分布特征对比

	黑河上游流域	雅鲁藏布江上游流域
降水随高程的变化	降水随高程升高显著增加	降水随高程变化不显著
降水的空间分布	主要分布在高海拔地区的多年冻土区	自上游至下游降水逐渐增多

（1）该方法基于降水空间分布数据估计降水-高程关系，并基于站点观测数据进行校正，进而基于降水-高程关系修正地形对降水的影响，从而更合理地估计降水的空间分布。当研究流域缺乏高空间分辨率的降水数据及足够的站点验证数据时，降水-高程关系的估计可能具有较大的不确定性。这种情况下采用基于贝叶斯原理的降水数据融合方法估计不同降水的不确定性，并据此估计融合降水的均值和不确定性。

（2）将该方法在青藏高原地区进行应用。基于交叉验证、独立站点验证、降水空间分布的合理性分析及水量平衡的合理性分析等，证明了降水融合方法能显著提升青藏高原复杂地形条件下的降水空间分布的估计效果。

（3）黑河上游流域降水有随高程上升而显著上升的特征，高山地区降水显著多于河谷地区，具有很显著的空间变异性。由于黑河上游多年冻土面积多于季节性冻土且均分布于高海拔地区，因此可以判断黑河上游流域降水主要分布于多年冻土区。雅鲁藏布江流域降水空间分布特征为自上游至下游（自西向东）逐渐增加，奴下站以下的低海拔地区降水随高程下降而上升；而在奴下站以上的大部分地区，降水随高程变化不显著。

第4章 典型流域过去30年的冻土水文模拟与变化分析

4.1 典型流域气象要素变化趋势

在本书中,对流域气象要素变化的分析主要考虑了降水和气温两种最重要气象要素的变化,而忽略了如风速、辐射、相对湿度变化等气象要素变化带来的影响。下文中的4.1.1节和4.1.2节分别介绍了黑河上游流域和雅鲁藏布江上游流域过去30年的年降水和年均气温变化趋势。

4.1.1 黑河上游流域降水气温变化趋势

黑河上游流域过去30年(1980—2010年)年降水数据采用第3章中提出的基于降水-高程关系的降水空间插值降水产品。图4-1给出了黑河上游流域平均年降水的变化情况。总体来说,在过去30年,黑河上游流域年降水呈现上升趋势,上升速率约为11.8 mm/(10a)。

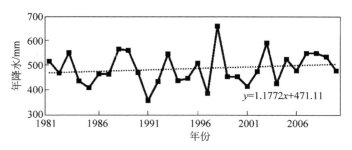

图4-1 黑河上游流域过去30年(1980—2010年)年降水变化

黑河上游流域过去30年气温数据采用基于站点观测的空间插值结果。空间插值过程中考虑气温随高程变化的关系(即气温直减率)。气温直减率基于站点观测气温及站点高程线性回归得到,每月估计一值。图4-2给出了黑河上游流域平均年均气温的变化情况。总体来说,在过去30年,黑河上游流域年均气温呈现上升趋势,上升速率约为0.32℃/(10a)。

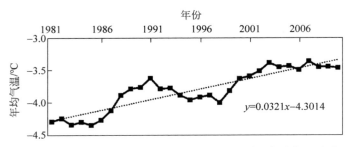

图 4-2　黑河上游流域过去 30 年(1980—2010 年)年均气温变化

4.1.2　雅鲁藏布江上游流域降水气温变化趋势

雅鲁藏布江上游流域(奴下站以上)过去 30 年(1980—2010 年)年降水数据采用第 3 章中提出的基于贝叶斯原理的融合降水产品。图 4-3 给出了雅鲁藏布江上游流域平均年降水的变化情况。总体来说,在过去 30 年,雅鲁藏布江上游流域年降水呈现上升趋势,上升速率约为 26.4 mm/(10a)。

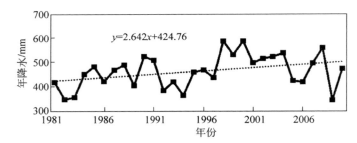

图 4-3　雅鲁藏布江上游流域过去 30 年(1980—2010 年)年降水变化

雅鲁藏布江上游流域过去 30 年气温数据同样采用基于站点观测、考虑气温直减率的空间插值结果。图 4-4 给出了雅鲁藏布江上游流域年均气温

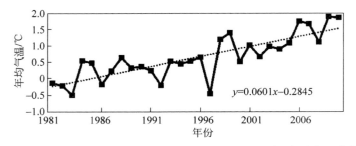

图 4-4　雅鲁藏布江上游流域过去 30 年(1980—2010 年)年均气温变化

的变化情况。总体来说,在过去 30 年,雅鲁藏布江上游流域年均气温呈现上升趋势,上升速率约为 0.60℃/(10a)。对比黑河上游流域,雅鲁藏布江上游流域在过去 30 年气温升温更为迅速。

4.2　黑河上游流域冻土退化对水文过程的影响

Gao et al. (2018a)利用 GBEHM 模拟了历史时期黑河上游流域的冻土变化和水文变化。本书基于该研究的模拟结果分析流域过去 30 年的冻土水文变化,并深入探究流域冻土退化对水文过程(尤其是径流过程)的影响。

4.2.1　冻土水文变化

黑河上游流域过去 30 年多年冻土面积比例显著下降,自 1980 年的 5500 km² 左右下降至 2000 年的 5000 km² 左右,减少比例约为 9%。截至 2000 年,黑河上游流域多年冻土区的面积约占流域面积的 50%,多年冻土与季节性冻土空间分布情况如图 4-5 所示,多年冻土主要分布在流域西部地区及高海拔地区。此外,过去 30 年流域平均季节性冻土最大冻结深度以平均 4.3 cm/(10a) 的速率减少;流域平均多年冻土活动层厚度以平均 5.4 cm/(10a) 的速率增加。三个指标均表明黑河上游流域过去 30 年冻土发生了明显退化。

■ 多年冻土
■ 季节性冻土

图 4-5　2000 年黑河上游流域多年冻土空间分布

水文过程方面,过去 30 年黑河上游流域年径流和年蒸散发总体上均呈现增加趋势。如图 4-6 所示,黑河上游年径流上升速率约为 3.9 mm/(10a),年蒸散发上升速率约为 6.5 mm/(10a)。

综合各水文变量分析水量平衡,过去 30 年黑河上游流域多年平均年降水量为 479 mm,年径流量为 170 mm,年蒸散发量为 309 mm,径流系数为 0.35。作为干旱内陆河流域,黑河上游的径流系数比较小,更多的降水以蒸散发的形式耗散。

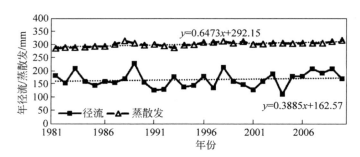

图 4-6　黑河上游流域过去 30 年(1980—2010 年)年径流及蒸散发变化

表 4-1　黑河上游流域过去 30 年平均水量平衡

水量平衡要素	数　　值
年降水/mm	479
年径流深/mm	170
年实际蒸散发/mm	309
径流系数	0.35

4.2.2　冻土退化对水文过程的影响

　　冻土退化对水文过程的影响基于弹性系数法进行分析。首先,分析降水和气温两种气候要素变化对径流和蒸散发变化的影响,进而,将气温变化的影响分类为通过潜在蒸散发变化带来的影响、通过冻土变化带来的影响及通过冰川变化带来的影响。

　　表 4-2 给出了黑河上游流域过去 30 年(1981—2010 年)降水和气温变化对径流和蒸散发的影响。弹性系数结果表明,当降水量增加 1 mm 时,径流量增加 0.66 mm,而蒸散发增加 0.14 mm;当气温上升 1℃时,径流减少 6.8 mm,而蒸散发增加 11.8 mm。过去 30 年黑河上游径流的增加主要是由于降水的增高,降水升高导致径流以 7.4 mm/(10a)的速率上升;气温上升导致了径流下降,气温升高导致径流以 2.1 mm/(10a)的速率下降。降水和气温变化对径流变化影响的加和为 5.3 mm/(10a),与模型模拟的径流变化趋势(3.9 mm/(10a))比较接近(图 4-6),二者不一致的地方可能是由除降水和气温以外的其他要素变化或者计算中的误差导致。蒸散发的增加主要是由气温的升高导致的。过去 30 年降水增加和气温升高分别导致蒸散发变化 1.6 mm/(10a)和 3.7 mm/(10a),加和为 5.3 mm/(10a),与模

拟的蒸散发变化趋势(6.5 mm/(10a))相近(图 4-6)。

表 4-2　过去 30 年(1981—2010 年)降水和气温变化对径流和蒸散发的影响

对径流的影响		对蒸散发的影响	
降水-径流弹性/(mm/mm)	0.66	降水-蒸散发弹性/(mm/mm)	0.14
气温-径流弹性/(mm/℃)	−6.8	气温-蒸散发弹性/(mm/℃)	11.8
降水变化导致的径流变化/[mm/(10a)]	7.4	降水变化导致的蒸散发变化/[mm/(10a)]	1.6
气温变化导致的径流变化/[mm/(10a)]	−2.1	气温变化导致的蒸散发变化/[mm/(10a)]	3.7

　　由于黑河上游冰川面积比例不足 1%,冰川径流影响很小,因此在黑河上游流域忽略冰川的影响,仅将气温对径流和蒸散发的影响分为通过影响潜在蒸散发的变化和影响冻土的变化两类。在黑河上游流域,由于降水和径流主要分布在高海拔的多年冻土区,因此归因分析时冻土指标 D 采用多年冻土活动层厚度。表 4-3 给出了潜在蒸散发变化和冻土变化对径流和蒸散发变化的影响。结果表明,潜在蒸散发变化对径流和蒸散发的影响均不显著。相比之下,冻土变化对径流和蒸散发具有显著的影响。冻土活动层每增厚 1 cm,径流会减少约 0.7 mm,而蒸散发会增加约 1 mm。从该结果可以得到,气温变化对径流变化及蒸散发变化的影响主要是通过气温变化导致冻土退化,进而影响径流和蒸散发量。上述结果显示,多年冻土活动层厚度的变化对径流和蒸散发变化具有显著影响。推测其影响机理可能为冻土活动层增厚导致流域蓄水容量的增加,从而改变了产流机制,减少了蓄满产流,增加了蒸散发。

表 4-3　过去 30 年(1981—2010 年)潜在蒸散发和冻土变化对径流和蒸散发的影响

对径流的影响		对蒸散发的影响	
潜在蒸散发-径流弹性/(mm/mm)	0.01*	潜在蒸散发-蒸散发弹性/(mm/mm)	0.01*
冻土-径流弹性/(mm/cm)	−0.66	冻土-蒸散发弹性/(mm/cm)	1.00
潜在蒸散发变化导致的径流变化/[mm/(10a)]	0.03	潜在蒸散发变化导致的蒸散发变化/[mm/(10a)]	0.03
冻土变化导致的径流变化/[mm/(10a)]	−3.6	冻土变化导致的蒸散发变化/[mm/(10a)]	5.5

注: * 表示不满足显著性水平($\alpha = 0.1$)。

　　为验证上述推测,研究进一步分析了多年冻土区土壤水分的变化趋势。图 4-7 显示了多年冻土区 0~3 m 土壤水分变化情况,图中横坐标为月时间尺度,纵坐标为土层的厚度。结果表明,过去 30 年,随着冻土的退化,多年冻土活动层有明显增厚趋势。活动层的增厚进而影响土壤水含量,1.5~2.5 m 深度范围的土壤水含量明显增加。这些结果验证了上述冻土活动层增厚会导致蓄水容量的增加的推测。

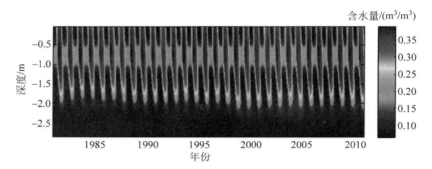

图 4-7　过去 30 年黑河上游流域多年冻土区土壤水分变化(见文前彩图)

　　图 4-8 分析了三种不同冻土区(即多年冻土区、季节性冻土区和多年冻土退化区)过去 30 年土壤水分的变化,土壤水分采用 0~3 m 土层总土壤水当量(单位为 mm)表示。结果表明,多年冻土退化区的土壤水分上升最为明显,平均上升幅度约为 2.8 mm/(10a);其次是多年冻土区,平均上升幅度约为 2.1 mm/(10a);季节性冻土区土壤水分上升幅度最小,约为 1.5 mm/(10a)。该结论证明了冻土退化对土壤水分的影响(进而造成对径流和蒸散发的影响)主要位于多年冻土区和多年冻土退化区。黑河上游流域多年冻土面积

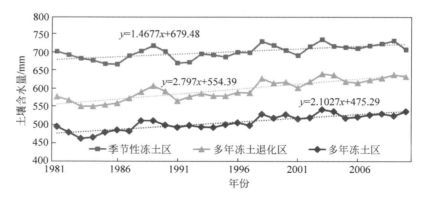

图 4-8　过去 30 年黑河上游流域不同冻土区 0~3 m 土壤含水量(等效水深)变化

超过 50％,且降水主要分布在多年冻土区,更多的产流位于多年冻土区,因此冻土退化会对流域径流和蒸散发造成显著影响。

4.3　雅鲁藏布江上游流域冻土水文变化

4.3.1　冻土变化

图 4-9 显示了基于 GBEHM 模拟结果的雅鲁藏布江上游流域(奴下站以上)1981—2010 年多年冻土区面积的变化情况。雅鲁藏布江上游流域季节性冻土占大部分比例,而多年冻土区的面积仅占 20％左右,且在过去 30 年持续下降。

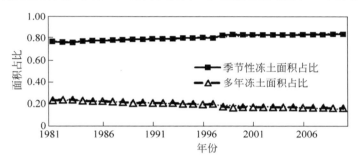

图 4-9　雅鲁藏布江上游流域过去 30 年多年冻土与季节性冻土比例变化

图 4-10 显示了雅鲁藏布江上游流域不同年代多年冻土与季节性冻土分布情况。总体来说,流域多年冻土主要分布在流域边界的高海拔地区(图 2-2)。在 1981—1990 年的十年间,多年冻土面积约占全流域面积的 24％;在 1991—2000 年的十年间,多年冻土面积约占全流域面积的 21％;而至 2000 年后(2001—2010 年),多年冻土面积比例减少至约 17％,较 1981—1990 年减少了 30％。

图 4-11 显示了雅鲁藏布江上游流域 1981—2010 年季节性冻土最大冻结深度和多年冻土活动层厚度的变化情况。结果表明,过去 30 年间,季节性冻土最大冻结深度以平均 7.3 cm/(10a)的速率减少;多年冻土活动层厚度以平均 30.6 cm/(10a)的速率增厚。二者均显示雅鲁藏布江上游流域过去 30 年冻土的显著退化。其中,流域多年冻土活动层增厚幅度很大,这是由于流域多年冻土比例很小,多年冻土退化区相对于多年冻土区的比例很大,即多年冻土区的很大一部分比例将退化为季节性冻土(图 4-10),因此活动层有显著变化甚至冻结层融穿。

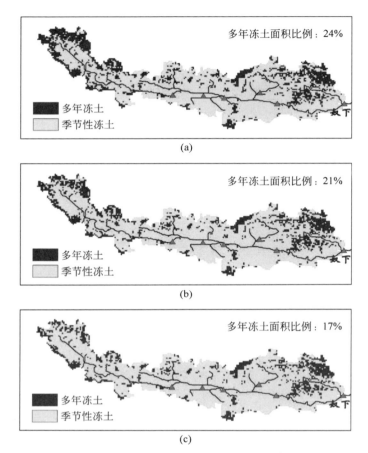

图 4-10　雅鲁藏布江上游流域不同年代多年冻土与季节性冻土分布情况

(a) 1981—1990 年；(b) 1991—2000 年；(c) 2001—2010 年

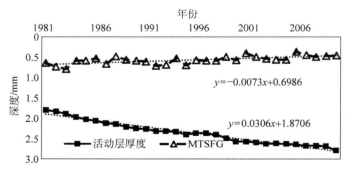

图 4-11　雅鲁藏布江上游流域过去 30 年(1980—2010 年)多年冻土活动层厚度

和季节性冻土最大冻结深度变化

4.3.2　水文过程变化

图 4-12 显示了雅鲁藏布江上游流域 1981—2010 年的年径流深的变化。图中将模拟年径流与实测年径流进行对比,二者十分接近。结果显示,过去 30 年雅鲁藏布江上游流域年径流呈现显著增加趋势,基于实测径流和模拟径流得到的年径流变化趋势分别为 29.4 mm/(10a) 和 25.8 mm/(10a),二者变化趋势十分接近,证明了基于模拟结果得到的年径流变化趋势是合理的。

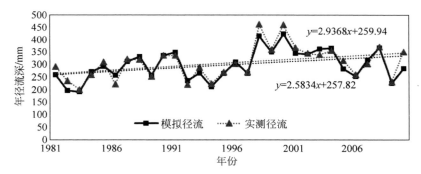

图 4-12　过去 30 年(1980—2010 年)年径流变化

图 4-13 显示了雅鲁藏布江上游流域 1981—2010 年模型模拟的年蒸散发量的变化。结果显示,过去 30 年雅鲁藏布江上游流域年径流呈轻微增加趋势,上升幅度约为 2.5 mm/(10a),远小于径流上升的幅度。

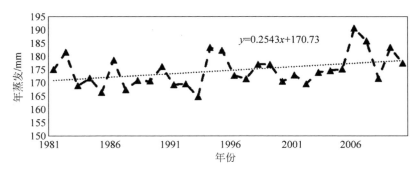

图 4-13　过去 30 年(1980—2010 年)模型模拟年蒸散发变化

表 4-4 给出了雅鲁藏布江上游流域过去 30 年平均的水量平衡情况。除了整个上游流域(奴下站以上)的水量平衡以外,表中同时给出了不同区

间（奴各沙站以上、奴各沙站至羊村站、羊村站至奴下站）的水量平衡情况。
整个雅鲁藏布江上游流域过去 30 年多年平均年降水量为 466 mm，年径流
量为 298 mm，年蒸散发量为 175 mm，径流系数为 0.64。雅鲁藏布江上游
的径流系数显著高于黑河上游流域（0.35）。与干旱区内陆河不同，雅鲁藏
布江上游流域降水量更多地产生了径流，而蒸散发量的比例较小。不同区
间的水量平衡的结果表明，流域自上游至下游的降水、径流及蒸散发均有所
增加，径流系数也显著增加。

表 4-4　过去 30 年（1981—2010 年）雅鲁藏布江上游不同区域水量平衡

区域	降水/mm	径流深/mm	蒸散发/mm	径流系数
整个上游（奴下站以上）	466	298	175	0.64
奴各沙站以上	328	174	162	0.53
奴各沙站—羊村站	458	280	186	0.61
羊村站—奴下站	836	643	190	0.77

　　图 4-14 给出了模型模拟的雅鲁藏布江上游流域冰川储量变化及年冰
川径流量的模拟结果。结果表明，过去 30 年流域冰川有显著退缩趋势，流
域冰储量显著下降，下降的平均速率约为 10^{10} m³/a。该下降速率与以往研
究结果相近（Meng et al.，2019）。年冰川径流深（包括冰融水径流和冰川
积雪融水径流）为每年 10～20mm，在过去 30 年有显著增加趋势，平均增加
幅度约为 2.6 mm/(10a)。

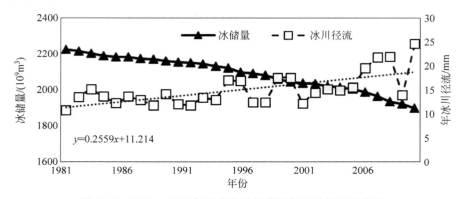

图 4-14　1981—2010 年流域冰川储量及年冰川径流的变化

　　由于以往研究普遍认为雅鲁藏布江流域的流域水储量具有减少趋势，
因此本书分析了流域的水储量变化。流域水储量年际变化基于模型模拟的

各水文分量的年水量平衡方程($\Delta S = P - E - R$)计算得到。结果如图 4-15
所示,图中显示结果为以 1981 年年初为基线的年水储量变化逐年累加值。
同时,图中显示了过去 30 年冰川储量的变化情况,以 mm 为单位表示。结
果表明,流域水储量确实有下降趋势,幅度约为-6.1 mm/a;其中,2000 年
后的水储量下降幅度约为-10 mm/a,和以往研究中基于 GRACE 卫星数
据的反演结果接近(Meng et al., 2019)。过去 30 年冰川储量的变化趋势
以流域平均值计算约为-5.7 mm/a,与水储量变化趋势相近。这一结果表
明流域水储量的减小主要是由于冰川储量的下降。

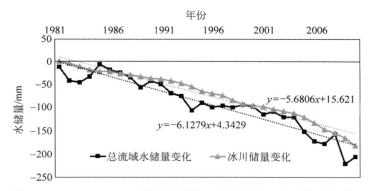

图 4-15　1981—2010 年流域水储量及冰川储量的变化(逐年累加值)

4.3.3　冻土退化对水文过程的影响

4.3.3.1　降水、气温变化对径流和蒸散发变化的影响

表 4-5 给出了过去 30 年(1981—2010 年)雅鲁藏布江上游流域降水和
气温变化对径流和蒸散发的影响。其中,对于径流变化的影响同时对比分
析了基于实测径流和模拟径流的计算结果。结果表明,基于实测径流和模
拟径流得到的径流的降水和气温弹性系数很接近。当降水量增加 1 mm
时,径流量增加 0.82~0.84 mm,蒸散发增加 0.14 mm;当气温上升 1℃
时,径流减少 6.6~9.5 mm,蒸散发增加 5.5 mm。对比降水和气温变化导
致的径流变化,结果表明过去 30 年雅鲁藏布江上游流域径流的增加主要是
由于降水的增高;气温升高同样导致径流上升,但影响较小。过去 30 年年
蒸散发有轻微上升趋势,主要是由于气温的升高。

与黑河上游流域明显不同的是,黑河上游流域过去 30 年气温上升导致冻

土退化,从而导致径流减少,而雅鲁藏布江流域过去 30 年气温上升导致径流增加。

表 4-5　过去 30 年(1981—2010 年)降水和气温变化对径流和蒸散发的影响

对径流的影响			对蒸散发的影响	
	基于实测径流	基于模拟径流		
降水-径流弹性/(mm/mm)	0.84	0.82	降水-蒸散发弹性/(mm/mm)	0.01*
气温-径流弹性/(mm/℃)	9.51	6.61	气温-蒸散发弹性/(mm/℃)	5.51
降水变化导致的径流变化/(mm/(10a))	22.19	21.66	降水变化导致的蒸散发变化/(mm/(10a))	0.26
气温变化导致的径流变化/(mm/(10a))	5.71	3.97	气温变化导致的蒸散发变化/(mm/(10a))	3.20

注: * 表示不满足显著性水平($\alpha = 0.1$)。

4.3.3.2　冻土变化对径流和蒸散发变化的影响

由于冰川径流在雅鲁藏布江上游流域有显著贡献,且冰川退化对流域水储量变化有显著影响,因此在雅鲁藏布江流域应考虑冰川变化对径流的影响,将气温对径流和蒸散发的影响分为通过影响潜在蒸散发的变化、通过影响冻土的变化和通过影响冰川的变化三类。由于冰川径流变化对年径流变化的影响是确定的,冰川变化的影响直接采用年冰川径流变化趋势表示。在雅鲁藏布江上游流域,由于多年冻土面积比例很小,约 80% 的流域面积为季节性冻土,因此归因分析时冻土指标 D 采用季节性冻土最大冻结深度(MTSFG)表示。表 4-6 给出了潜在蒸散发变化和冻土变化对径流和蒸散发的影响。结果表明,潜在蒸散发变化对径流变化的影响较小,对蒸散发变化的影响不显著。冻土变化对径流的影响并不显著,对蒸散发变化的影响也很小,季节性冻土最大冻结深度每下降 1 cm,蒸散发会增加约 0.34 mm。过去 30 年冰川径流有显著上升趋势,上升幅度为 2.6 mm/(10a)。从该结果可以得到,气温升高使得径流增加主要是通过冰川径流的增加。

表 4-6　过去 30 年(1981—2010 年)潜在蒸散发、冻土变化和冰川变化对径流和蒸散发的影响

对径流的影响		对蒸散发的影响	
潜在蒸散发-径流弹性/(mm/mm)	−0.29	潜在蒸散发-蒸散发弹性/(mm/mm)	0.04*
冻土-径流弹性/(mm/cm)	−0.03*	冻土-蒸散发弹性/(mm/cm)	0.34

续表

对径流的影响		对蒸散发的影响	
潜在蒸散发变化导致的径流变化/[mm/(10a)]	1.47	潜在蒸散发变化导致的蒸散发变化/[mm/(10a)]	−0.34
冻土变化导致的径流变化/[mm/(10a)]	−0.22	冻土变化导致的蒸散发变化/[mm/(10a)]	2.48
冰川变化导致的径流变化/[mm/(10a)]	2.6	冰川变化导致的蒸散发变化/[mm/(10a)]	—

注: * 表示不满足显著性水平($\alpha = 0.1$)。

相比黑河上游流域,雅鲁藏布江上游流域冻土变化对径流变化的影响较小,这是由于雅鲁藏布江上游流域多年冻土比例很小,而季节性冻土的退化对径流的影响小于多年冻土退化对径流的影响。

图 4-16 显示了过去 30 年雅鲁藏布江上游流域多年冻土区土壤水分的变化情况,图中横坐标为月时间尺度,纵坐标为土层厚度,图中的不同颜色表示不同月份不同土层的土壤水分含量。结果表明,过去 30 年雅鲁藏布江上游流域多年冻土活动层有明显增厚趋势,进而导致了 1.5～3 m 土层土壤水分的明显增加,表明雅鲁藏布江上游流域冻土活动层增厚会导致蓄水容量的增加。

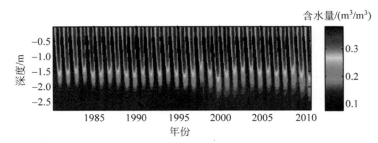

图 4-16　过去 30 年雅鲁藏布江上游流域多年冻土区土壤水分变化(见文前彩图)

图 4-17 显示了多年冻土退化区 0～3 m 土壤水分变化情况。结果表明,相比多年冻土区,多年冻土退化区的活动层变化及土壤水分变化更加剧烈。多年冻土退化区出现了土壤冻结层“融穿”的现象,表明存在多年冻土退化为季节性冻土的现象。

图 4-16 和图 4-17 的结果表明,与黑河上游流域相似,雅鲁藏布江上游流域多年冻土区及多年冻土退化区的冻土退化对土壤水分有明显的影响。然而由于雅鲁藏布江上游流域多年冻土面积比例小,导致整个流域尺度上

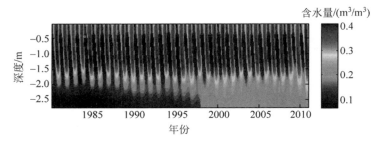

图 4-17　过去 30 年雅鲁藏布江上游流域多年冻土退化区
土壤水分变化(见文前彩图)

冻土退化对径流和蒸散发量的影响较小。

4.4　小　　结

本章对比了黑河上游流域和雅鲁藏布江上游流域过去 30 年(1981—2010 年)气候变化情况,并基于模型模拟结果分析了两个典型流域的冻土水文变化及冻土变化对流域水文过程影响的异同,见表 4-7。主要结论如下:

(1) 气候变化方面,黑河上游流域和雅鲁藏布江上游流域过去 30 年降水和气温均呈显著增加趋势。其中,黑河上游流域降水上升趋势约为11.8 mm/(10a),气温上升趋势约为 0.32℃/(10a);雅鲁藏布江上游流域降水上升趋势约为 26.4 mm/(10a),气温上升趋势约为 0.60℃/(10a)。

(2) 冻土方面,两个流域过去 30 年冻土均有呈现退化趋势。黑河流域过去 30 年多年冻土面积减少约 9%;季节性冻土最大冻结深度以 4.3 cm/(10a)的速率减少;多年冻土活动层厚度以 5.4 cm/(10a)的速率增厚。雅鲁藏布江流域多年冻土面积减少约 23%;季节性冻土最大冻结深度以 7.3 cm/(10a)的速率减少;多年冻土活动层厚度以 30.6 cm/(10a)的速率增厚。

(3) 水文过程方面,两个流域过去 30 年的年径流和年蒸散发均呈现不同幅度的增加趋势。黑河上游流域径流上升趋势约为 3.9 mm/(10a);蒸散发上升趋势约为 6.5 mm/(10a)。雅鲁藏布江上游流域径流上升趋势约为 29.4 mm/(10a);蒸散发上升趋势约为 2.5 mm/(10a)。

(4) 黑河上游流域过去 30 年径流增加主要是由于降水的升高,而气温上升使得径流有下降趋势,这主要是因为气温上升使得冻土退化,多年冻土活动层厚度增加及多年冻土层的消失导致流域蓄水容量增加,从而减少蓄满产流,增加蒸散发。雅鲁藏布江上游流域过去 30 年径流增加同样主要是由于降水的增加,而该流域气温上升使得径流有上升趋势,这主要是由于气温上升增加了冰川径流。雅鲁藏布江流域冻土退化对径流和蒸散发的影响较小,这主要是因为冻土退化的影响主要产生在多年冻土区和多年冻土退化区,而雅鲁藏布江上游流域大部分地区不存在多年冻土,仅存在季节性冻土。

表 4-7　不同典型流域过去三十年冻土变化对径流影响的异同

	黑河上游	雅鲁藏布江上游
气温升高对径流变化的影响	气温升高使径流下降(主要通过冻土退化导致)	气温升高使径流上升(主要通过冰川径流上升导致)
流域冻土退化对径流变化的影响	冻土退化使径流下降	影响较小
流域冻土退化对径流变化影响的机理	多年冻土活动层增厚及多年冻土退化导致流域蓄水容量增加,从而减少蓄满产流	流域多年冻土区的面积比例小,冻土变化对径流影响不显著

第5章 未来气候变化情景下典型流域冻土水文过程模拟与变化分析

5.1 未来气候情景的选择与空间降尺度

5.1.1 未来气候情景数据的选取

两个典型流域未来50年(2011—2060年)气候情景数据选取自耦合模型比较计划(coupled model intercomparison project Phase 5,CMIP5)的大气环流模型数据(general circulation model,GCM)。数据包括降水和气温(包括日均气温、日最高气温和日最低气温)、风速和相对湿度等其他气象要素数据。

以往研究自CIMP5的47个大气环流模型的模拟结果中,在青藏高原选取了40余个GCM模拟气候情景进行评估,对比了降水和气温的模拟效果(Kalnay et al.,1995;Fowler et al.,2007;胡芩 等,2014;Zhang et al.,2016)。本书基于上述评价结果选取了5个在青藏高原应用效果较好且空间精度相对较高的GCM(见表5-1),分别为BCC-CSM1.1(m),CSIRO-Mk3.6.0,IPSL-CM5A-MR,CNRM-CM5和MPI-ESM-LR,排放情景采用RCP4.5。

表5-1 本书采用的GCM的介绍

模　　式	机　　构	空间精度(全球网格数目)
BCC-CSM1.1(m)	Beijing Climate Center,中国	320×160
CSIRO-Mk3.6.0	CSIRO in collaboration with Queensland Climate,澳大利亚	192×96
IPSL-CM5A-MR	L'Institut Pierre-Simon Laplace,法国	144×143
CNRM-CM5	Centre National de Recherches Météorologiques/Centre Européen de Recherche et de Formation Avancée en Calcul Scientifique,法国	256×128
MPI-ESM-LR	Max Planck Institute (MPI) for Meteorology,德国	192×96

5.1.2　未来气候情景数据的误差校正及空间降尺度

GCM 的模拟结果通常具有较大的不确定性,且不同 GCM 模拟结果的空间精度并不统一。因此,在应用 GCM 模拟结果前,首先对不同 GCM 模拟结果进行校正及空间降尺度(Zhang et al., 2016;Wood et al., 2002;2004)。

在以往气候变化对水文过程影响的研究中,主要有三种气候情景数据的误差校正方法,分别为差值法、同比例缩放法,以及频率匹配法(高冰,2012)。其中,由于频率匹配法能够更好地反映气候变化下气候要素的波动情况,因此更适于气候变化对流域水文过程影响的研究(Boé et al., 2007;高冰,2012)。

GCM 模拟气象数据的空间降尺度方法主要包括统计降尺度和动力降尺度两大类。其中统计降尺度方法在历史观测资料充足时更为适用(高冰,2012)。

研究采用偏差校正和空间降尺度(bias correction and spatial downscaling,BCSD)方法对 GCM 模拟的降水和气温进行误差校正和统计降尺度(Wood et al., 2002;2004)。BCSD 方法包括偏差校正和空间降尺度两个主要步骤。首先,基于频率匹配法做偏差校正。具体步骤为对于给定的气象要素变量(如降水量或气温),将 GCM 历史模拟值的累积密度函数(CDF)与实际观测数据的 CDF 进行对比和频率匹配,之后基于匹配结果对未来模拟值进行误差校正(Boé et al., 2007)。如图 5-1 所示,假设实际观测和 GCM 历史模拟结果的 CDF 分别为 $F_1(X)$ 和 $F_2(X)$。之后,将 GCM 历史模拟结果 X_{sim_1} 校正为 $X_{\mathrm{cor}_1}=F_1^{-1}(F_2(X_{\mathrm{sim}_1}))$。在校正未来数据时,先将未来模拟值 X_{sim_2} 对应至 GCM 历史模拟结果的 CDF 曲线 $F_2(X)$ 上,再进一步对应到实测频率曲线上,校正结果仍为 $X_{\mathrm{cor}_2}=F_1^{-1}\cdot(F_2(X_{\mathrm{sim}_2}))$。

上述基于频率匹配法的误差校正过程在 GCM 模拟结果的空间尺度上进行。下一步则基于统计降尺度方法对误差校正后的气候情景数据空间降尺度至水文模型需求的空间精度,即与历史气象数据空间精度一致。具体地,将 GCM 输出的网格尺度(粗尺度)的网格 (m,n) 的校正系数定义为 $f_{\mathrm{T}(m,n)}=X_{\mathrm{cor}_{m,n}}-\overline{X_{\mathrm{obs}_{m,n}}}$(对于气温)或 $f_{\mathrm{P}(m,n)}=X_{\mathrm{cor}_{m,n}}/\overline{X_{\mathrm{obs}_{m,n}}}$(对于降水),其中 $\overline{X_{\mathrm{obs}_{m,n}}}$ 表示历史观测气象数据的多年平均值。进而,使用 ADW 插值方法在空间上对校正系数(f_{T} 和 f_{P})进行空间插值至模型应用的空间尺度(细

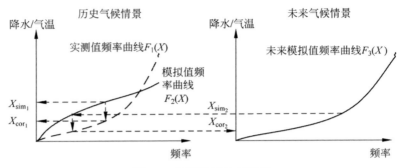

图 5-1　频率匹配法示意图

尺度)。最后,细尺度网格(u,v)的气象数据空间降尺度结果即为$X_{\mathrm{cor}_{u,v}}=\overline{X_{\mathrm{obs}_{u,v}}}+f_{\mathrm{T}(u,v)}$(对于气温)和$X_{\mathrm{cor}_{u,v}}=\overline{X_{\mathrm{obs}_{u,v}}}\cdot f_{\mathrm{P}(u,v)}$(对于降水)。

5.1.3　未来气候情景下典型流域的降水气温变化

5.1.3.1　未来 50 年黑河上游年降水气温变化趋势

表 5-2 显示了黑河上游流域未来 50 年(2011—2060 年)5 个 GCM 模拟结果在 RCP4.5 排放情景下的年降水和年均气温的变化趋势(偏差校正和降尺度后)。其中,CNRM-CM5,BCC-CSM1.1(m) 和 IPSL-CM5A-MR 模拟的未来气温上升幅度低于(或接近于)历史趋势(0.32℃/(10a)),CNRM-CM5 和 IPSL-CM5A-MR 模拟的未来年降水量呈现显著增长趋势,而 BCC-CSM1.1(m) 模拟的降水呈现轻微下降的趋势。CSIRO-Mk3.6.0 和 MPI-ESM-LR 模拟的未来气候情景中气温上升速率高于历史气温上升速率,其中,CSIRO-Mk3.6.0 未来年降水呈现显著的增长趋势,而 MPI-ESM-LR 输出的年降水呈现下降趋势。

表 5-2　RCP4.5 排放情景下不同 GCM 输出结果黑河上游流域未来
50 年(2011—2060 年)年降水和年均气温变化趋势

模　　式	年降水变化趋势/[mm/(10a)]	年均气温变化趋势/[mm/(10a)]
BCC-CSM1.1(m)	-1.1^{*}	0.28
CSIRO-Mk3.6.0	7.4	0.42
IPSL-CM5A-MR	15.0	0.34
CNRM-CM5	12.3	0.27
MPI-ESM-LR	-5.9^{*}	0.40

注: * 表示不满足显著性水平($\alpha=0.1$)。

图 5-2 显示了 5 种 GCM 模拟的气候情景下黑河上游流域未来 50 年
(2011—2060 年)年降水变化情况。不同 GCM 模拟的降水年际波动有所区
别,但总体长期趋势上相近。平均来说,未来 50 年黑河上游流域年降水略
有上升趋势,平均上升幅度约为 5.9 mm/(10a)。

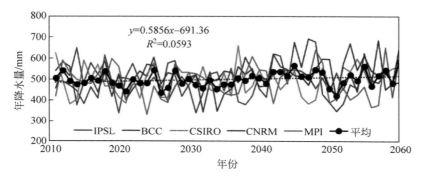

图 5-2　黑河上游流域不同气候情景下未来 50 年年降水变化(见文前彩图)

图 5-3 显示了 5 种 GCM 模拟的气候情景下黑河上游流域未来 50 年年
均气温变化情况。5 种模式均显示了相近的气温上升幅度。从 5 个模式平
均值来看,未来 50 年黑河上游流域年均气温呈显著升高趋势,升温幅度平
均为 0.34℃/(10a),与以往研究中 RCP4.5 排放情景下青藏高原东北部的
未来气温增长速率(Zhang et al.,2016;Su et al.,2016)相近。

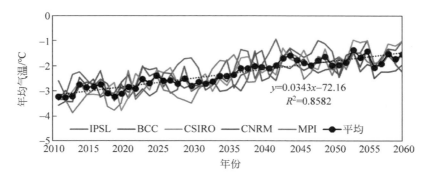

图 5-3　黑河上游流域不同气候情景下未来 50 年年均气温变化(见文前彩图)

5.1.3.2　未来 50 年雅鲁藏布江上游年降水气温变化趋势

表 5-3 给出了 RCP4.5 排放情景下基于 5 个 GCM 输出结果的雅鲁藏
布江上游流域未来 50 年(2011—2060 年)的年降水和年均气温变化趋势

（偏差校正和降尺度后）。总体上，基于 5 个模式的气候情景基本显示未来降水和气温均呈现增加趋势。其中，IPSL-CM5A-MR 和 CNRM-CM5 模式模拟的降水上升幅度较大，BCC-CSM1.1（m）和 CSIRO-Mk3.6.0 模式模拟的降水上升幅度较小，MPI-ESM-LR 模式模拟的降水则呈现不显著的下降趋势。气温方面，CSIRO-Mk3.6.0 模式与 IPSL-CM5A-MR 模式模拟的升温幅度较大，均超过 0.5 mm/（10a），而其余三种模式模拟的年气温上升幅度相对较小。对比黑河上游流域，雅鲁藏布江上游流域的未来 50 年升温幅度较高。然而，对比雅鲁藏布江上游的历史升温速率（0.60℃/（10a）），5 个模式模拟的未来升温趋势均小于历史值。

表 5-3　RCP4.5 排放情景下不同 GCM 输出结果雅鲁藏布江上游流域未来
50 年（2011—2060 年）年降水和年均气温变化趋势

模　　式	年降水变化趋势/[mm/（10a）]	年均气温变化趋势/[mm/（10a）]
BCC-CSM1.1（m）	7.4	0.23
CSIRO-Mk3.6.0	9.4	0.57
IPSL-CM5A-MR	22.5	0.50
CNRM-CM5	17.5	0.37
MPI-ESM-LR	−0.4*	0.43

注：* 表示不满足显著性水平（α=0.1）。

　　图 5-4 给出了不同 GCM 输出的气候情景下未来 50 年（2011—2060 年）雅鲁藏布江上游流域年降水量的变化情况。从 5 个模式平均值来看，总体上未来 50 年雅鲁藏布江上游流域年降水有显著上升趋势，平均上升幅度约为 11.3 mm/（10a）。

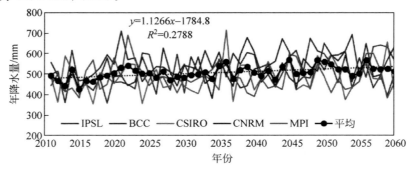

图 5-4　雅鲁藏布江上游流域不同气候情景下未来
50 年年降水变化（见文前彩图）

图 5-5 给出了未来 50 年雅鲁藏布江上游流域年均气温变化情况。从 5 个模式平均值来看,总体上未来 50 年雅鲁藏布江上游年均气温呈显著升高趋势,升温幅度平均为 0.42℃/(10a)。该平均增长率接近于以往研究中雅鲁藏布江地区 RCP4.5 排放情景下的未来气温增长速率(Su et al.,2016)。

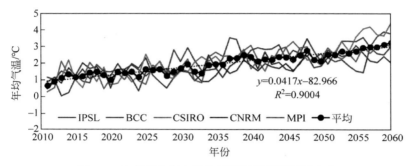

图 5-5　雅鲁藏布江上游流域不同气候情景下未来
50 年年均气温变化(见文前彩图)

5.2　未来黑河上游流域冻土水文变化预测

5.2.1　流域冻土变化

表 5-4 显示了基于模型模拟结果的黑河上游流域未来 50 年(2011—2060 年)冻土变化趋势,包括多年冻土面积的变化及季节性冻土和多年冻土活动层厚度的变化。结果表明,未来多年冻土区的面积比例将进一步减小。在 2000 年,多年冻土面积约为 5800 km^2,占流域面积比例约为 57%;而基于模拟结果的 2050 年流域平均多年冻土区的面积比例缩小至流域面积的 39%～47%(不同气候情景平均值为 44%),与 2000 年相比减小了 18%～32%(不同气候情景下的平均值为 23%)。

表 5-4　基于不同气候情景模拟的未来 50 年(2011—2060 年)冻土变化趋势

	未来值 2011—2060 年						历史值
	IPSL	BCC	CSIRO	CNRM	MPI	平均	1981—2010 年
多年冻土面积比例 (2051—2060 年平均值)	46%	45%	43%	47%	39%	44%	57%
MTSFG 变化/[cm/(10a)]	−6.7	−4.9	−6.0	−3.0	−6.6	−5.4	−4.3
活动层厚度变化/[cm/(10a)]	3.4	8.5	7.1	3.5	8.1	6.1	5.4

图 5.6 显示了基于 5 个 GCM 模拟结果平均值的未来 50 年流域平均季节性冻土最大冻结深度（MTSFG）和多年冻土活动层厚度的变化，图中模拟结果采用 5 年滑动平均值表示。结果表明，季节性冻土最大冻结深度呈显著下降趋势，下降幅度约为 5.3 cm/(10a)（不同气候情景下为 3.6～6.7 cm/(10a)）；多年冻土活动层深度将显著增加，增幅约为 6.2 cm/(10a)（不同气候情况下为 3.4～8.5 cm/(10a)）。未来 50 年的 MTSFG 下降速率和多年冻土活动层增厚速率相比历史值更快。

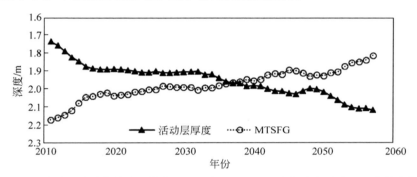

图 5-6　流域平均季节性冻土最大冻结深度（MTSFG）和多年冻土活动层厚度的变化

5.2.2　流域水文过程变化

图 5-7 和图 5-8 基于 5 个不同的 GCM 模拟结果给出了黑河上游未来 50 年的年径流深和蒸散发量的变化。由于未来气候数据的不确定性，其结果采用 5 年的滑动平均值来代替年径流量和年蒸散发量表示。结果表明，基于不同模拟结果的径流和蒸散发量的变化趋势不同。平均来说，未来 50 年

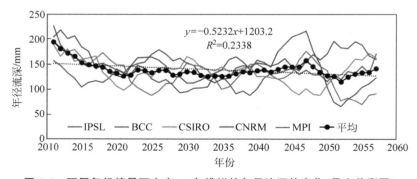

图 5-7　不同气候情景下未来 50 年模拟的年径流深的变化（见文前彩图）

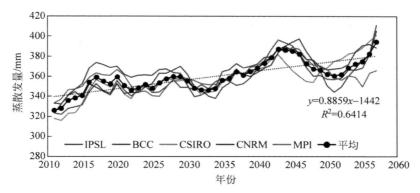

图 5-8　不同气候情景下未来 50 年模拟的年蒸散发量的变化（见文前彩图）

黑河上游年径流量呈减少趋势，而年蒸散发量呈增加趋势。未来 50 年平均年径流量减少幅度约为 5.2 mm/(10a)，其减少主要发生在 2010 年和 2050 年左右，至 2050 年末，年径流深预计仅约为 140 mm（年径流量约为 14 亿 m³），仅占 2000 年年径流量的 80%。未来 50 年，年平均蒸散发量将增加约 8.9 mm/(10a)，其增加主要发生在 2010 年、2030 年和 2050 年，与多年冻土活动层深度的年际变化趋势相似（图 5-6）。因此，多年冻土的变化可能对蒸散发量的变化具有重要影响。

表 5-5 显示了基于不同 GCM 模拟结果的未来 50 年黑河上游流域多年平均水平衡与过去 30 年（1981—2010 年）水量平衡的对比。结果表明，未来 50 年黑河上游流域的年降水量基于不同的 GCM 为 486～518 mm，平均值为 498 mm，比过去 30 年（476 mm）显著增加。然而，未来的年径流量（基于不同的 GCM 模拟结果为 124～159 mm，平均值为 138 mm）却比过去 30 年（165 mm）显著减少。未来年蒸散发量基于不同的 GCM 模拟结果为 357～363 mm，平均值为 360 mm，比过去年蒸散发量（312 mm）更高。从水量平衡结果来看，未来更多的降水将通过蒸散发损失。此外，未来 50 年流域的平均径流系数（基于不同的 GCM 模拟结果为 0.26～0.31，平均值为 0.29）比过去（0.35）显著减小，这说明了未来黑河上游流域产流机制有所变化。

表 5-5　未来 50 年（2011—2060 年）平均水量平衡与过去 30 年
（1981—2010 年）的对比

	未来值（2011—2060 年）						历史值
	IPSL	BCC	CSIRO	CNRM	MPI	平均	（1981—2010 年）
降水/mm	486	508	492	518	488	501	476

续表

	未来值（2011—2060 年）						历史值
	IPSL	BCC	CSIRO	CNRM	MPI	平均	（1981—2010 年）
径流深/mm	124	141	135	159	131	145	165
蒸散发/mm	357	363	356	362	361	356	312
径流系数	0.26	0.28	0.27	0.31	0.27	0.29	0.35

5.2.3　冻土变化对水文过程的影响

5.2.3.1　降水、气温变化对径流和蒸散发变化的影响

表 5-6 显示了未来 50 年（2011—2060 年）径流的降水和气温弹性及基于平均弹性估算的降水和气温变化对径流变化的影响。结果表明，当年降水量增加一个单位（1 mm）时，未来的平均年径流深将增加 0.72 mm（基于不同的 GCM 模拟结果为 0.53～0.90 mm），该值与历史值（0.66mm）比较接近。当年均气温升高 1℃时，年径流量平均减少约 24 mm（根据不同GCM 模拟结果为 15～40 mm）。未来径流对气温弹性的绝对值明显高于过去值（−6.8 mm/℃）。这一结果表明，未来径流量的变化对气温升高更加敏感。基于平均弹性计算得到的未来径流量表明，由于 5 套模式的平均未来降水量变化不大，未来年径流量的减少主要是由气温的升高导致的。

表 5-6　未来 50 年（2011—2060 年）降水、气温变化对年径流量变化的影响
及与过去 30 年（1981—2010 年）的对比

	未来值（2011—2060 年）						历史值
	IPSL	BCC	CSIRO	CNRM	MPI	平均	（1981—2010 年）
降水-径流弹性/（mm/mm）	0.53	0.68	0.83	0.90	0.66	0.72	0.66
气温-径流弹性/（mm/℃）	−14.8	−22.5	−24.8	−39.9	−18.0	−24.0	−6.8
降水变化导致的径流变化/[mm/（10a）]	10.8	−0.8	5.3	8.9	−4.2	4.0	7.4
气温变化导致的径流变化/[mm/（10a）]	−8.2	−6.7	−10.1	−6.5	−9.6	−8.2	−2.1

表 5-7 显示了未来 50 年(2011—2060 年)蒸散发的降水和气温弹性及基于平均弹性估算的降水和气温变化对蒸散发变化的影响。结果表明,当年降水量增加一个单位(1 mm)时,未来的平均年蒸散发量将增加 0.18 mm(基于不同的 GCM 模拟结果为 0.06～0.27 mm),总体上与历史值(0.14 mm)相近。当年均气温升高 1℃时,年蒸散发量平均增加 21.4 mm(根据不同 GCM 模拟结果为 15.1～32.4 mm)。与径流的气温弹性类似,未来蒸散发的气温弹性的绝对值同样明显高于历史值(11.8 mm/℃),表明未来蒸散发对气温升高同样更为敏感。基于平均弹性计算得到的未来蒸散发量的变化表明,未来年蒸散发量的增加同样主要是由于气温的升高。

表 5-7　未来 50 年(2011—2060 年)降水、气温变化对年蒸散发量变化的影响及与过去 30 年(1981—2010 年)的对比

	未来值(2011—2060 年)						历史值
	IPSL	BCC	CSIRO	CNRM	MPI	平均	(1981—2010 年)
降水-蒸散发弹性/(mm/mm)	0.27	0.23	0.10	0.06	0.22	0.18	0.14
气温-蒸散发弹性/(mm/℃)	17.1	18.3	23.9	32.4	15.1	21.4	11.8
降水变化导致的蒸散发变化/[mm/(10a)]	2.6	−0.2	1.3	2.2	−1.0	1.0	1.6
气温变化导致的蒸散发变化/[mm/(10a)]	7.3	6.0	9.0	5.8	8.5	7.3	3.7

未来的气候变化具有较大的不确定性。表 5-2 的结果表明基于不同模式模拟得到的未来气候变化趋势具有较大的不同。然而,虽然不同模型模拟的未来气候情景有所差异,但未来气候将持续变暖是当前研究的普遍共识。因此,了解气温上升对未来水文过程的影响是十分重要的。基于表 5-6 和表 5-7 得到的未来径流的气温弹性和蒸散发的气温弹性的估计结果,可以直接估算不同升温情景下的年径流和年蒸散发的变化趋势。表 5-8 给出了未来 50 年不同排放情景(RCP 2.6,RCP 4.5 和 RCP 8.5)下的气温的变化趋势和基于平均弹性系数估算得到的径流和蒸散发的变化趋势,并与过去 30 年进行对比。基于以往研究,未来黑河上游流域的平均气温在 RCP 2.6 情景、RCP 4.5 情景和 RCP 8.5 情景下的上升幅度分别约为

0.26℃/(10a),0.34℃/(10a) 和 0.40℃/(10a)(Su et al.,2016;Zhang et al.,2016)。根据径流的气温弹性和蒸散发的气温弹性进行计算,在 RCP 2.6 情景、RCP 4.5 情景和 RCP 8.5 情景下,黑河上游流域未来 50 年年径流将分别以平均 6.2 mm/(10a),8.2 mm/(10a)和 9.6 mm/(10a)的速率减少;年蒸散发量将分别以平均 5.6 mm/(10a),7.3 mm/(10a)和 8.6 mm/(10a)的速率增加。

表 5-8　未来 50 年(2011—2060 年)使用不同排放情景(RCP 2.6,RCP 4.5 和 RCP 8.5)下的气温变化趋势及基于弹性系数估算得到的径流和蒸散发变化趋势,以及与过去 30 年的对比

	未来值(2011—2060 年)			历史值
	RCP 2.6	RCP 4.5	RCP8.5	(1981—2010 年)
气温变化趋势/[℃/(10a)]	0.26	0.34	0.40	0.32
气温影响的径流变化趋势/[mm/(10a)]	−6.2	−8.2	−9.6	−2.1
气温影响的蒸散发变化趋势/[mm/(10a)]	5.6	7.3	8.6	3.7

5.2.3.2　冻土变化对径流和蒸散发变化的影响

表 5-9 显示了未来 50 年(2011—2060 年)黑河上游流域潜在蒸散发和冻土变化对年径流量变化的影响,并与过去 30 年(1981—2010 年)进行对比。结果表明,在未来 50 年,当年潜在蒸散发量增加一个单位(1 mm)时,年径流深平均减少约 0.16 mm(基于不同的 GCM 模拟结果为 0.03~0.28 mm)。当多年冻土活动层深度增加一个单位(1 cm)时,年径流深平均减少约 1.3 mm(基于不同的 GCM 模拟结果为 0.6~2.3 mm)。通过对比历史弹性值发现,在未来 50 年,潜在蒸散发的变化和冻土的变化对径流的影响都更为显著,这解释了未来 50 年径流的气温弹性的绝对值比过去更大,即未来径流变化对气温上升更加敏感。未来 50 年,潜在蒸散发量的变化和多年冻土活动层厚度的变化对径流的减少均有贡献,其中活动层厚度变化的贡献明显更高,表明了在未来气温升高对径流的影响仍然是主要通过冻土退化来影响径流。气温升高使冻土活动层深度变厚,导致土壤蓄积量增加,改变了产流机制,减少了蓄满产流。而且,基于径流的冻土弹性结果表明,未来径流变化对冻土退化更为敏感。

表 5-9　未来 50 年(2011—2060 年)潜在蒸散发和冻土变化对年径流量
变化的影响及与过去 30 年(1981—2010 年)的对比

	未来值(2011—2060 年)						历史值
	IPSL	BCC	CSIRO	CNRM	MPI	平均	(1981—2010 年)
潜在蒸散发-径流弹性/(mm/mm)	−0.03*	−0.18	−0.16	−0.17	−0.28	−0.16	0.01*
冻土-径流弹性/(mm/cm)	−1.8	−0.6	−1.2	−2.3	−0.6	−1.3	−0.66
潜在蒸散发变化导致的径流变化/[mm/(10a)]	−2.0	−1.6	−2.6	−1.7	−2.2	−2.0	0.03
冻土变化导致的径流变化/[mm/(10a)]	−4.5	−11.2	−9.4	−4.6	−10.7	−8.1	−3.6

注：* 表示不满足显著性水平($\alpha = 0.1$)。

　　表 5-10 给出了未来 50 年(2011—2060 年)黑河上游流域潜在蒸散发和冻土变化对年蒸散发量变化的影响,并与历史值(1981—2010 年)进行对比。结果表明,未来 50 年,当潜在蒸散发量增加一个单位(1 mm)时,蒸散发量平均增加约 0.3 mm(基于不同的 GCM 模拟结果为 0.14～0.51 mm)。当多年冻土活动层深度增加一个单位(1 cm)时,蒸散发量平均增加约 0.9 mm(基于不同的 GCM 模拟结果为 0.1～1.4 mm)。通过与历史弹性值对比发现,未来潜

表 5-10　未来 50 年(2011—2060 年)潜在蒸散发和冻土变化对年蒸散发量
变化的影响及与过去 30 年(1981—2010 年)的对比

	未来值(2011—2060 年)						历史值
	IPSL	BCC	CSIRO	CNRM	MPI	平均	(1981—2010 年)
潜在蒸散发-蒸散发弹性/(mm/mm)	0.15	0.34	0.14	0.35	0.51	0.30	0.01*
冻土-蒸散发弹性/(mm/cm)	1.7	0.3	1.1	1.4	0.1*	0.9	1.0
潜在蒸散发变化导致的蒸散发变化/[mm/(10a)]	3.8	3.1	4.9	3.1	4.1	3.8	0.03
冻土变化导致的蒸散发变化/[mm/(10a)]	3.1	7.7	6.4	3.2	7.3	5.5	5.5

注：* 表示不满足显著性水平($\alpha = 0.1$)。

在蒸散发变化对蒸散发影响变大,而冻土变化对蒸散发的影响与历史值接近。未来 50 年潜在蒸散发量变化和活动层深度变化对蒸散发的增加也均有贡献,活动层深度变化的贡献仍略高于潜在蒸散发量变化的贡献。

此外,表 5-5 中流域水量平衡分析的结果表明,黑河上游流域未来的径流系数显著小于历史值。表 5-11 显示了基于不同 GCM 模拟结果的不同冻土区(即多年冻土区、多年冻土退化区和季节性冻土区)的径流系数变化趋势。结果表明,不同冻土区的径流系数均呈下降趋势,而不同冻土区的径流系数下降幅度不同。其中,径流系数在多年冻土退化区的下降幅度最大,这表明多年冻土到季节性冻土的退化过程对水文过程的影响最为剧烈,多年冻土退化导致冻结层消失,增加了土壤水分的下渗,从而减少了地表径流。多年冻土区径流系数同样有较大幅度的减小,表明多年冻土活动层厚度的增加也会明显影响径流系数的变化。季节性冻土区的径流系数变化幅度最小。这些结论与第 4 章中关于冻土退化对径流变化的影响结论一致,即冻土退化对径流变化的影响主要发生在多年冻土区和多年冻土退化区,而季节性冻土退化对径流变化的影响较小。

表 5-11   不同高程带径流系数变化趋势

/(10a)

区　　域	IPSL	BCC	CSIRO	CNRM	MPI
季节性冻土区	−0.004	−0.006	−0.012	−0.008	−0.012
多年冻土退化区域	−0.009	−0.021	−0.023	−0.008	−0.025
多年冻土区	−0.007	−0.020	−0.020	−0.007	−0.023

5.3   未来雅鲁藏布江上游流域冻土水文变化预测

5.3.1   流域冻土变化

表 5-12 给出了基于模型模拟结果的未来 50 年(2011—2060 年)雅鲁藏布江上游流域冻土变化趋势。结果表明,由于气温的升高,未来多年冻土区的面积比例将进一步减小,在 2050 年,流域平均多年冻土区的面积比例缩小至 15%～17%(不同气候情景平均值为 16%)。与历史值相比(18%),5个模式多年冻土区的面积比例均有所减小,平均减小幅度约为 11%,相比过去 30 年,未来多年冻土区的面积减小幅度比较小,这是由于未来气温升高幅度比过去 30 年低,此外,由于雅鲁藏布江上游剩余的多年冻土均位于

海拔非常高的山区,气温很低,未来气温的上升较难使得剩余多年冻土区出现完全融化的情况。

表 5-12　基于不同气候情景模拟的未来 50 年(2011—2060 年)冻土变化趋势

	未来值(2011—2060 年)						历史值
	IPSL	BCC	CSIRO	CNRM	MPI	平均	(1981—2010 年)
2050 年多年冻土面积比例	15%	17%	16%	16%	16%	16%	18%
MTSFG 变化/[cm/(10a)]	−5.1	−2.6	−6.3	−3.4	−5.7	−4.6	−7.3
活动层厚度变化/[cm/(10a)]	12.2	3.3	10.7	4.5	6.0	7.3	30.6
2060 年冰储量/(亿 m³)	1600	1745	1483	1748	1529	1621	1869

除了多年冻土区的面积比例的减小,未来 50 年季节性冻土最大冻结深度(MTSFG)的减小和多年冻土活动层的增厚也体现了未来流域冻土的退化。季节性冻土最大冻结深度呈显著下降趋势,下降幅度约为 4.6 cm/(10a)(不同气候情景下为 2.6～6.3 cm/(10a)),多年冻土活动层深度将显著增加,增幅约为 7.3 cm/(10a)(不同气候情况下为 6.0～12.2 cm/(10a))。相比历史值,未来 50 年的 MTSFG 下降速率及多年冻土活动层增厚速率减慢,这同样是由于未来气候情景显示的气温上升幅度低于历史上升幅度。基于 5 个 GCM 模拟结果平均值的未来 50 年流域平均多年冻土活动层厚度变化和季节性冻土最大冻结深度变化情况如图 5-9 所示。

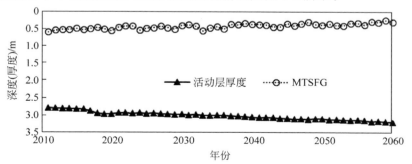

**图 5-9　流域平均季节性冻土最大冻结深度和多年
冻土活动层厚度的变化**

5.3.2　流域水文过程变化

图 5-10 和图 5-11 显示了基于不同 GCM 模拟结果的未来 50 年雅鲁藏布江上游流域年径流和年蒸散发量的变化。结果表明,基于不同模拟结果的年径流和年蒸散发量的变化趋势有所不同。平均来说,未来 50 年雅鲁藏布江上游流域年径流量和年蒸散发量均呈显著上升趋势,平均年径流上升幅度约为 6.5 mm/(10a),平均年蒸散发量增加幅度约为 3.4 mm/(10a)。

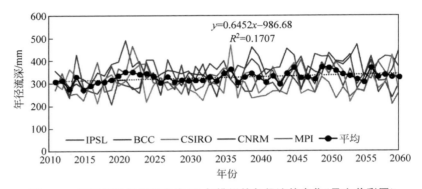

图 5-10　不同气候情景下未来 50 年模拟的年径流的变化(见文前彩图)

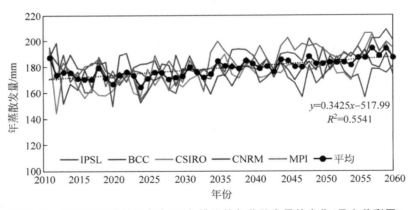

图 5-11　不同气候情景下未来 50 年模拟的年蒸散发量的变化(见文前彩图)

表 5-13 显示了基于不同 GCM 模拟结果的未来 50 年雅鲁藏布江上游流域多年平均水平衡及其与过去 30 年(1981—2010 年)的对比。结果表明,未来 50 年雅鲁藏布江上游流域的年降水量(基于不同的 GCM 结果为 472~542 mm,平均值为 507 mm)明显高于过去 30 年(466 mm)。未来的

年径流量(基于不同的 GCM 模拟结果为 $299\sim357$ mm,5 个模式的平均值为 325 mm)同样比过去(298 mm)更多。未来年蒸散发量基于不同的 GCM 模拟结果为 $170\sim184$ mm,平均值为 179 mm,比过去(175 mm)略有增加。径流系数方面,未来 50 年平均的径流系数为 0.64,与过去值基本持平。

表 5-13 未来 50 年(2011—2060 年)平均水量平衡及其
与过去 30 年(1981—2010 年)的对比

| | 未来值(2011—2060 年) | | | | | | 历史值 |
	IPSL	BCC	CSIRO	CNRM	MPI	平均	(1981—2010 年)
降水/mm	531	490	485	542	486	507	466
径流深/mm	342	314	307	357	304	325	298
蒸散发/mm	183	178	175	177	184	179	175
径流系数	0.64	0.64	0.63	0.66	0.63	0.64	0.64

5.3.3 冻土变化对水文过程的影响

5.3.3.1 降水、气温变化对径流和蒸散发变化的影响

表 5-14 显示了未来 50 年(2011—2060 年)径流的降水和气温弹性及基于平均弹性估算的降水和气温变化对径流变化的影响。结果表明,当年降水量增加一个单位(1 mm)时,未来的平均年径流量将增加 0.76 mm(基于不同的 GCM 模拟结果为 $0.72\sim0.82$ mm),相比历史值(0.82 mm)较低。当年均气温升高一个单位(1℃)时,年径流量平均减少约 6.3 mm(根据不同 GCM 模拟结果为减少 $2\sim10$ mm)。未来的气温弹性相比过去具有显著变化。在过去 30 年,由于冰川径流的增加,气温升高总体使得径流增加;而在未来 50 年,基于 5 个 GCM 模式的气候情景模拟结果的弹性系数均显示气温升高导致径流有下降趋势。基于平均弹性计算得到的未来径流量变化趋势表明,未来年径流量的增加主要是由于降水量的增加。

表 5-14 未来 50 年(2011—2060 年)降水、气温变化对年径流量变化的影响
及其与过去 30 年(1981—2010 年)的对比

| | 未来值(2011—2060 年) | | | | | | 历史值 |
	IPSL	BCC	CSIRO	CNRM	MPI	平均	(1981—2010 年)
降水-径流弹性/ (mm/mm)	0.75	0.82	0.72	0.74	0.77	0.76	0.82
气温-径流弹性/ (mm/℃)	−5.56	−8.48	−5.20	−2.09	−10.34	−6.33	6.61[*]

续表

| | 未来值（2011—2060 年） | | | | | | 历史值 |
	IPSL	BCC	CSIRO	CNRM	MPI	平均	（1981—2010 年）
降水变化导致的径流变化/[mm/(10a)]	16.87	6.04	6.77	12.92	−0.28	8.46	21.66
气温变化导致的径流变化/[mm/(10a)]	−2.78	−1.95	−2.96	−0.77	−4.45	−2.58	3.97

　　表 5-15 显示了未来 50 年（2011—2060 年）蒸散发的降水和气温弹性及基于平均弹性估算的降水和气温变化对蒸散发量变化的影响。结果表明，当年降水量增加一个单位（1 mm）时，未来的平均年蒸散发量将增加 0.04 mm（基于不同的 GCM 模拟结果为 0.01～0.06 mm），总体上与历史值相近（0.01 mm）。当年均气温升高一个单位（1℃）时，年蒸散发量平均增加 8.2 mm（根据不同 GCM 模拟结果为 3～12 mm），总体上与过去值（5.5 mm/℃）接近，证明未来气温变化对蒸散发变化的影响与过去值相近。基于平均弹性计算得到的未来蒸散发量的变化表明，未来年蒸散发的增加主要是由于气温的升高；降水升高同样会导致蒸散发的增加，但影响并不显著（蒸散发的降水弹性小）。

表 5-15　未来 50 年（2011—2060 年）降水、气温变化对年蒸散发量变化的影响及与过去 30 年（1981—2010 年）的对比

| | 未来值（2011—2060 年） | | | | | | 历史值 |
	IPSL	BCC	CSIRO	CNRM	MPI	平均	（1981—2010 年）
降水-蒸散发弹性/(mm/mm)	0.04	0.02*	0.05	0.06	0.03*	0.04	0.01*
气温-蒸散发弹性/(mm/℃)	9.39	3.37	8.06	7.90	12.34	8.21	5.51
降水变化导致的蒸散发变化/[mm/(10a)]	0.90	0.15	0.47	1.05	−0.01	0.51	0.26
气温变化导致的蒸散发变化/[mm/(10a)]	4.70	0.78	4.59	2.92	5.31	3.66	3.20

　　注：* 表示不满足显著性水平（$\alpha = 0.1$）。

不同 GCM 情景下雅鲁藏布江上游流域未来降水的变化趋势有显著不同(表 5-3),而不同的降水变化趋势会导致径流有不同的变化趋势(Xu et al., 2019)。由于未来降水变化具有很大的不确定性,因此,与黑河上游流域一致,在雅鲁藏布江流域同样应重点关注气温升高对未来径流的影响。表 5-16 显示了未来 50 年(2011—2060 年)使用不同排放情景(RCP 2.6,RCP 4.5 和 RCP 8.5)下的气温变化趋势和基于平均弹性系数(见表 5-14和表 5-15)估算得到的径流和蒸散发变化趋势,并将其与过去 30 年进行对比。未来雅鲁藏布江上游流域的平均气温在 RCP 2.6 情景、RCP 4.5 情景和 RCP 8.5 情景下的升高幅度分别约为 0.24℃/(10a),0.42℃/(10a)和0.70℃/(10a)(Su et al., 2016)。根据径流的气温弹性和蒸散发的气温弹性进行计算,RCP 2.6 情景、RCP 4.5 情景和 RCP 8.5 情景下的径流将分别以 1.5 mm/(10a)、2.7 mm/(10a)和 4.4 mm/(10a)的速率减少;蒸散发量将分别以 2.0 mm/(10a),3.4 mm/(10a)和 5.7 mm/(10a)的速率增加。

表 5-16　未来 50 年(2011—2060 年)使用不同排放情景(RCP 2.6,RCP 4.5 和 RCP 8.5)下的气温变化趋势和基于弹性系数估算得到的径流和蒸散发变化趋势,以及与过去 30 年的对比

	未来值(2011—2060 年)			历史值
	RCP 2.6	RCP 4.5	RCP8.5	(1981—2010 年)
气温变化趋势/[℃/(10a)]	0.24	0.42	0.70	0.60
气温影响的径流变化趋势/[mm/(10a)]	−1.5	−2.7	−4.4	4.0
气温影响的蒸散发变化趋势/[mm/(10a)]	2.0	3.4	5.7	3.2

5.3.3.2　冻土变化对径流和蒸散发变化的影响

表 5-17 给出了未来 50 年(2011—2060 年)潜在蒸散发和冻土变化对年径流量变化的影响,并与历史值(1981—2010 年)进行对比。结果表明,未来 50 年,当潜在蒸散发量增加一个单位(1 mm)时,径流量平均减少约0.03 mm,影响程度较小。当多年冻土活动层深度增加一个单位(1 cm)时,径流平均减少约 0.43 mm(基于不同的 GCM 模拟结果为 0.14~0.59 mm)。对比历史的弹性值,未来 50 年冻土的退化会使得径流有减小趋势。虽然未来 50 年冻土退化幅度相较过去 30 年有所减小(表 5-12),但每单位的冻土退化会导致更多的径流减小,即相比过去,未来径流变化对冻

土变化更为敏感。不过,对比黑河上游流域冻土退化对径流的影响(平均弹性为−1.3 mm/cm),雅鲁藏布江流域冻土退化的影响仍明显偏小,这是由于雅鲁藏布江流域主要分布着季节性冻土。冰川径流方面,基于 5 个未来气候情景模拟的冰川径流均呈现减小趋势,这是由于部分冰川已经完全消融,因此流域冰川融水量减小。这一情况说明冰川径流在未来 50 年将出现"拐点",未来气温升高条件下冰川径流不能再继续升高。冰川径流的下降导致未来径流的气温弹性系数不再是正值,而由于未来冻土变化和冰川变化均会导致径流减小,弹性系数变为负值(表 5-14)。基于平均弹性系数计算得到的潜在蒸散发变化、冻土变化对径流变化的影响及冰川径流变化趋势表明,未来 50 年气温升高导致径流下降主要是由于冻土变化导致径流及冰川径流的减小。

表 5-17　未来 50 年(2011—2060 年)潜在蒸散发和冻土变化对年径流量变化的影响及与过去 30 年(1981—2010 年)的对比

| | 未来值(2011—2060 年) | | | | | | 历史值 |
	IPSL	BCC	CSIRO	CNRM	MPI	平均	(1981—2010 年)
潜在蒸散发-径流弹性/(mm/mm)	0.08*	−0.08*	−0.16*	0.17*	−0.20*	−0.04	−0.29
冻土-径流弹性/(mm/cm)	−0.34	−0.53	−0.27*	−0.44	−0.59	−0.43	−0.03*
潜在蒸散发变化导致的径流变化/[mm/(10a)]	0.30	−0.30	−1.58	0.94	−1.42	−0.41	2.47
冻土变化导致的径流变化/[mm/(10a)]	−1.73	−1.38	−1.70	−1.80	−3.36	−1.99	−0.22
冰川变化导致的径流变化/[mm/(10a)]	−0.70	−0.80	−0.13	−0.40	−0.80	−0.57	2.60

注:* 表示不满足显著性水平($\alpha=0.1$)。

表 5-18 给出了未来 50 年(2011—2060 年)潜在蒸散发和冻土变化对年蒸散发量变化的影响,并与历史值(1981—2010 年)进行对比。结果表明,未来 50 年,当潜在蒸散发量增加一个单位(1 mm)时,蒸散发量平均增加约 0.21 mm,影响程度并不显著,与历史情况相近。当多年冻土活动层深度增加一个单位(1 cm)时,蒸散发量平均增加约 0.33 mm(基于不同的 GCM 模

拟结果为 0.21～0.42 mm),同样与历史值相近。说明未来潜在蒸散发变化与冻土变化对蒸散发变化的影响情况均与过去相近,这与表 5-15 中未来气温-蒸散发弹性系数与历史值接近的结论相符。未来 50 年潜在蒸散发量的变化和活动层深度的变化对蒸散发的增加均有贡献,二者影响程度相当。

表 5-18 未来 50 年(2011—2060 年)潜在蒸散发和冻土变化对年蒸散发量变化的影响及与过去 30 年(1981—2010 年)的对比

	未来值(2011—2060 年)						历史值
	IPSL	BCC	CSIRO	CNRM	MPI	平均	(1981—2010 年)
潜在蒸散发-蒸散发弹性/(mm/mm)	0.12*	−0.09*	0.30	0.16*	0.56	0.21	0.04
冻土-蒸散发弹性/(mm/cm)	0.41	0.34	0.25	0.42	0.21	0.33	0.34
潜在蒸散发变化导致的蒸散发变化/[mm/(10a)]	0.45	−0.33	2.96	0.89	3.96	1.59	−0.34
冻土变化导致的蒸散发变化/[mm/(10a)]	2.09	0.88	1.58	1.72	1.20	1.49	2.48

注: * 表示不满足显著性水平($\alpha = 0.1$)。

5.4 小 结

本章基于 5 个 GCM 模式模拟的未来气候情景预测了黑河上游流域和雅鲁藏布江上游流域未来 50 年(2011—2060 年)的冻土水文变化,并分析了未来冻土变化对流域水文过程影响与过去的异同,见表 5-19。主要结论如下:

(1) 选取 BCC-CSM1.1(m),CSIRO-Mk3.6.0,IPSL-CM5A-MR,CNRM-CM5 和 MPI-ESM-LR 共 5 个 GCM 模式的模拟结果作为未来气候情景,采用 BCSD 法对 GCM 模拟的降水和气温进行统计降尺度。黑河上游流域未来 50 年的年降水变化趋势在不同 GCM 模拟的未来气候情景下有所不同,总体上,5 个模式的平均值呈现 5.9 mm/(10a)的上升趋势;5 个 GCM 模拟的未来气候情景下年均气温均呈现上升趋势,平均值为 0.34℃/(10a),与过去 30 年升温幅度相近。雅鲁藏布江上游流域年降水量在不同 GCM 模拟的气候情景下大多呈现上升趋势,平均上升幅度为 11.3 mm/(10a);5 个 GCM 模拟的未来气候情景下的年均气温均呈现上升趋势,平均值为 0.42℃/(10a),比过去 30 年升温幅度减缓。

　　(2) 冻土方面,两个流域未来 50 年冻土均有明显退化。黑河流域未来
50 年多年冻土区的面积减少约 23%;季节性冻土最大冻结深度以 5.4 cm/
(10a)的速率减少;多年冻土活动层厚度以 6.1 cm/(10a)的速率增厚。相
比过去 30 年,未来黑河上游流域冻土退化速率更快。雅鲁藏布江流域多年
冻土区的面积减少约 11%;季节性冻土最大冻结深度以 4.6 cm/(10a)的
速率减少;多年冻土活动层厚度以 7.3 cm/(10a)的速率增厚。相比过去
30 年,未来雅鲁藏布江上游流域冻土退化速率减缓,这是由于基于未来气
候情景的未来升温幅度比过去减缓。

　　(3) 水文过程方面,未来 50 年黑河上游流域径流有所下降,幅度约为
−5.2 mm/(10a);蒸散发有所上升,趋势约为 8.9 mm/(10a)。未来 50 年黑
河上游的径流系数相比过去有所减小。雅鲁藏布江上游流域径流在未来 50
年有所上升,趋势约为 6.5 mm/(10a);蒸散发有所上升,趋势约为
3.4 mm/(10a)。未来 50 年雅鲁藏布江上游流域的径流系数与历史值接近。

表 5-19　　不同典型流域未来 50 年冻土变化对径流的影响及与过去的对比

	黑 河 上 游	雅鲁藏布江上游
未来 50 年径流变化	径流减小,径流系数减小	径流上升,径流系数与过去持平
未来冻土退化对径流变化的影响	使径流减小,影响程度较大(弹性约为−1.3 mm/cm)	使径流减小,影响程度较小(弹性约为−0.4 mm/cm)
冻土退化对径流影响的主要区域	主要为多年冻土区和多年冻土退化区	由于多年冻土比例很小,流域冻土变化对径流影响较小
未来径流变化对冻土退化的响应	更加剧烈	更加剧烈

　　(4) 黑河上游流域未来径流的减少主要是由于气温的上升,主要通过
气温上升导致冻土退化而进一步影响径流。相比过去 30 年,未来由于气温
上升导致的冻土退化对径流的影响程度将更加剧烈。未来流域径流系数的
减小主要发生在多年冻土区和多年冻土退化区,说明冻土退化对径流的影
响主要发生在这两个区域。雅鲁藏布江上游流域未来径流的增加主要是由
于降水的增加,而该流域气温上升使得径流有下降趋势。由于未来 50 年流
域冰川径流的减小,过去 30 年气温升高导致径流增加的现象在未来将不复
存在。此外,未来 50 年流域冻土退化会导致径流有显著下降趋势,证明未
来径流变化对冻土退化比过去更加敏感。总体上,雅鲁藏布江上游流域冻
土退化对径流的影响比黑河上游流域小,这是因为雅鲁藏布江上游流域冻
土的主要存在形式为季节性冻土。

第6章 总结与展望

6.1 主要研究成果

本书以黑河上游和雅鲁藏布江上游流域为青藏高原北、南两个典型研究流域,基于分布式模型 GBEHM 模拟分析了过去 30 年气候变化下两个流域冻土变化与水文变化的规律,以及不同流域冻土变化对水文过程的影响。在此基础上,预测了未来 50 年气候情景下两个流域的冻土水文变化。此外,本书针对地形变化复杂、站点稀少的青藏高原地区发展了新的降水空间分布估计方法,取得的主要研究成果如下:

(1) 选取黑河上游流域和雅鲁藏布江上游流域为青藏高原北、南两个典型流域,对比分析了两个流域冻土水文特征的异同。在雅鲁藏布江上游建立分布式水文模型,对冻土、水文、冰川等模拟结果进行了验证,证明了 GBEHM 在不同冻土水文条件下的适用性。

① 黑河上游和雅鲁藏布江上游具有显著的流域冻土水文条件差异。流域面积方面,黑河上游流域面积仅约为 1 万 km^2,而雅鲁藏布江上游流域面积约为 19 万 km^2,是黑河上游的近 20 倍。水文特征方面,黑河属于干旱区内陆河,年径流深约为 150 mm,而雅鲁藏布江为西藏境内最大的河流,年平均径流深超过 300 mm。冻土分布方面,黑河上游流域多年冻土面积约占流域面积的 60%,而雅鲁藏布江上游流域多年冻土面积仅约占流域面积的 20%。此外,黑河上游流域冰川面积占比很小,冰川变化影响不显著,而雅鲁藏布江流域冰川分布广泛,冰川径流变化对年径流具有较大影响。

② 基于站点观测的月径流过程及冻土冻结深度数据,验证了 GBEHM 在雅鲁藏布江流域的模拟效果。结果表明,模型能很好地模拟流域的月径流过程,基于在奴各沙、羊村及流域出口奴下站点的月径流模拟结果得到的 NSE 均高于 0.85,R^2 基本高于 0.9。模型模拟的土壤冻结深度、冻结融化时间及冻深变化规律等要素在不同站点(不同冻结深度)均与观测值接近,表明 GBEHM 在雅鲁藏布江上游流域能够很好地模拟土壤的冻融过程和

冻土的退化过程。

③ 研究采用多年冻土区面积比例、多年冻土活动层厚度及季节性冻土最大冻结深度三个指标的变化来表征流域冻土的变化情况；采用年径流、年蒸散发、流域水量平衡、土壤水等要素分析流域的水文过程变化情况。采用基于弹性系数的多元回归方法进行径流和蒸散发变化的归因分析。在传统基于多元回归的径流归因方法的基础上，将气温的影响进一步划分为通过影响潜在蒸散发变化带来的影响、通过影响冻土变化带来的影响及通过影响冰川变化带来的影响。

（2）针对地形复杂、站点稀少的青藏高原地区提出了多源降水数据融合方法。阐述了方法的原理与步骤，将方法在青藏高原地区进行应用并评估了方法及降水融合结果的合理性。最后，基于融合降水数据分析了黑河上游流域和雅鲁藏布江上游流域的降水空间分布特征。主要结论如下：

① 方法基于降水空间分布数据估计降水-高程关系，并基于站点观测数据进行校正，进而基于降水-高程关系修正地形对降水的影响，从而更合理地估计降水的空间分布。当研究流域缺乏高空间分辨率的降水数据及足够的站点验证数据时，降水-高程关系的估计可能具有较大的不确定性。这种情况下采用基于贝叶斯原理的降水数据融合方法估计不同降水的不确定性，并据此估计融合降水的均值和不确定性。

② 将方法在青藏高原地区进行应用。基于交叉验证、独立站点验证、降水空间分布的合理性分析及基于水量平衡的合理性分析等，证明了降水融合方法能显著提升青藏高原复杂地形条件下的降水空间分布的估计效果。

③ 黑河上游流域降水有随高程上升而显著上升的特征，高山地区降水显著多于河谷地区，具有很显著的空间变异性。由于黑河上游多年冻土面积多于季节性冻土且均分布于高海拔地区，因此可以判断黑河上游流域降水主要分布于多年冻土区。雅鲁藏布江流域降水空间分布特征为自上游至下游（自西向东）逐渐增加，奴下站以下的低海拔地区降水随高程下降而上升；而在奴下站以上的大部分地区，降水随高程变化不显著。

（3）对比了黑河上游流域和雅鲁藏布江上游流域过去 30 年（1981—2010 年）气候变化情况，并基于模型模拟结果分析了两个流域的冻土水文变化及冻土变化对流域水文过程影响的异同。研究发现冻土变化对径流变化的影响主要产生在多年冻土区及多年冻土退化区。冻土退化对径流变化的影响机理为多年冻土活动层的增厚及多年冻土退化为季节性冻土会增加土壤蓄水,进而减少蓄满产流。

① 气候变化方面,黑河上游流域和雅鲁藏布江上游流域过去 30 年降水和气温均呈增加趋势。其中,黑河上游流域降水上升趋势约为 11.8 mm/(10a),气温上升趋势约为 0.32 ℃/(10a);雅鲁藏布江上游流域降水上升趋势约为 26.4 mm/(10a),气温上升趋势约为 0.60 ℃/(10a)。

② 冻土方面,两个流域过去 30 年冻土均呈现退化趋势。黑河流域过去 30 年多年冻土面积减少约 9%;季节性冻土最大冻结深度以 4.3 cm/(10a)的速率减少;多年冻土活动层厚度以 5.4 cm/(10a)的速率增厚。雅鲁藏布江流域多年冻土面积减少约 23%;季节性冻土最大冻结深度以 7.3 cm/(10a)的速率减少;多年冻土活动层厚度以 30.6 cm/(10a)的速率增厚。

③ 水文过程方面,两个流域过去 30 年的年径流和年蒸散发均呈现不同幅度的增加趋势。黑河上游流域径流上升趋势约为 3.9 mm/(10a),蒸散发上升趋势约为 6.5 mm/(10a)。雅鲁藏布江上游流域径流上升趋势约为 29.4 mm/(10a),蒸散发上升趋势约为 2.5 mm/(10a)。

④ 黑河上游流域过去 30 年径流增加主要是由于降水的增加,而气温上升使得径流有下降趋势,这主要是因为气温上升使得冻土退化,多年冻土活动层厚度增加及多年冻土层的消失导致流域蓄水容量增加,从而减少蓄满产流,增加蒸散发。雅鲁藏布江上游流域过去 30 年径流增加同样主要是由于降水的增加,而该流域气温上升使得径流有上升趋势,这主要是由于气温上升增加了冰川径流。雅鲁藏布江流域冻土退化对径流和蒸散发的影响较小,这主要是因为冻土退化的影响主要产生在多年冻土区和多年冻土退化区,而雅鲁藏布江上游流域大部分地区不存在多年冻土,仅存在季节性冻土。

(4) 模拟预测了未来 50 年黑河上游流域和雅鲁藏布江上游流域的冻土变化和水文变化。基于模拟结果对比分析了过去和未来径流变化对气温变化及冻土变化的敏感程度的差异,发现未来径流变化对气温上升和冻土退化更为敏感。

① 选取 BCC-CSM1.1(m),CSIRO-Mk3.6.0,IPSL-CM5A-MR,CNRM-CM5 和 MPI-ESM-LR 共 5 个 GCM 模式的模拟结果作为未来气候情景,采用 BCSD 法对 GCM 模拟的降水和气温进行统计降尺度。黑河上游流域未来 50 年的年降水变化趋势在不同 GCM 模拟的未来气候情景下有所不同,总体上,5 个模式的平均值呈现 5.9 mm/(10a)的上升趋势;5 个 GCM 模拟的未来气候情景下年均气温均呈现上升趋势,平均值为 0.34℃/

(10a),与过去30年升温幅度相近。雅鲁藏布江上游流域年降水量在不同GCM模拟的气候情景下大多呈现上升趋势,平均上升幅度为11.3 mm/(10a);5个GCM模拟的未来气候情景下的年均气温均呈现上升趋势,平均值为0.42 ℃/(10a),比过去30年升温幅度减缓。

②　冻土方面,两个流域未来50年冻土均有明显退化。黑河流域未来50年多年冻土区的面积减少约23%;季节性冻土最大冻结深度以5.4 cm/(10a)的速率减少;多年冻土活动层厚度以6.1 cm/(10a)的速率增厚。相比过去30年,未来黑河上游流域冻土退化速率更快。雅鲁藏布江流域多年冻土区的面积减少约11%;季节性冻土最大冻结深度以4.6 cm/(10a)的速率减少;多年冻土活动层厚度以7.3 cm/(10a)的速率增厚。相比过去30年,未来雅鲁藏布江上游流域冻土退化速率减缓,这是由于基于未来气候情景的未来升温幅度比过去减缓。

③　水文过程方面,未来50年黑河上游流域径流有所下降,幅度约为－5.2 mm/(10a);蒸散发有所上升,趋势约为8.9 mm/(10a)。未来50年黑河上游的径流系数相比过去有所减小。雅鲁藏布江上游流域径流在未来50年有所上升,趋势约为6.5 mm/(10a);蒸散发有所上升,趋势约为3.4 mm/(10a)。未来50年雅鲁藏布江上游流域的径流系数与历史值接近。

④　黑河上游流域未来径流的减少主要是由于气温的上升,主要通过气温上升导致冻土退化而进一步影响径流。相比过去30年,未来由于气温上升导致的冻土退化对径流的影响程度将更加剧烈。未来流域径流系数的减小主要发生在多年冻土区和多年冻土退化区,说明冻土退化对径流的影响主要发生在这两个区域。雅鲁藏布江上游流域未来径流的增加主要是由于降水的增加,而该流域气温上升使得径流有下降趋势。由于未来50年流域冰川径流的减小,过去30年气温升高导致径流增加的现象在未来将不复存在。此外,未来50年流域冻土退化会导致径流有显著下降趋势,证明未来径流变化对冻土退化比过去更加敏感。总体上,雅鲁藏布江上游流域冻土退化对径流的影响比黑河上游流域小,这是因为雅鲁藏布江上游流域冻土的主要存在形式为季节性冻土。

6.2　主要创新点

本书的主要创新点包括:

(1) 针对青藏高原地区地形复杂、地面降水观测站点稀少,提出了多源降水数据融合方法,该方法考虑了高程变化和空间不确定性的影响,从而更合理地估计了青藏高原地区降水的空间分布。

(2)揭示了冻土变化对径流的影响主要发生于多年冻土区和多年冻土退化区,其影响机理为多年冻土活动层的增厚及多年冻土退化为季节性冻土导致土壤蓄水容量增加,从而减少蓄满产流量。

(3)模拟了未来气候变化情景下青藏高原典型流域的冻土水文变化,发现未来径流变化对气温升高和冻土退化较过去 30 年更为敏感。

6.3　研究中的不足及展望

青藏高原复杂地形条件下冻土水文过程变化十分复杂,完全厘清不同流域气候变化下冻土及水文过程变化十分困难。本书利用数值模型刻画了典型流域气候变化下的冻土水文过程变化,并基于模拟结果分析了冻土变化对水文过程的影响。然而本书提出的方法和结果仍存在以下不足,需在后续的研究中进一步改进和完善。后续可继续开展的研究包括:

(1)多源降水融合方法在不同流域的推广应用

将多源降水数据融合方法推广应用于青藏高原各个流域及世界其他高原山区流域,更好地估计流域降水的空间分布。在不同研究流域,根据实际条件采用不同参考降水数据。在今后的降水空间分布估计中,可充分利用新一代 GPM 卫星提供的高空间分辨率数据提供的信息。

评价不同流域降水的时空变异性,分析不同流域不同气候条件及地形条件下地形变化对降水的影响。基于贝叶斯方法估计不同流域降水的不确定性。

(2)典型流域冻土水文变化分析未考虑植被、湖泊等因素及辐射等其他气象要素的影响

本书在分析气候变化对水文过程的影响时,与以往研究类似地将气候变化主要分为降水和气温变化带来的影响,而忽略了其他气象要素(如辐射、风速、湿度等)变化带来的影响。这个假设可能会带来一定的误差。在未来研究中,可进一步考虑这些气象要素(尤其是辐射)对水文过程的影响。

本书分析了典型流域的冻土变化及水文过程变化,而忽视了流域的植被变化过程。而事实上,流域的气候变化及水文过程变化很可能带来植被的变化,包括植被类型的变化及植被覆盖的变化等,而植被的变化可能会进一步反馈于流域水文过程。因此,在未来研究中,可进一步考虑流域植被的

变化对水文过程的影响。

　　此外,模型也没有考虑湖泊、水库等要素的影响,为更好地刻画流域水文过程的变化,今后研究中可加入这些要素的变化和影响分析。

　　(3)冻土变化对水文过程影响的普遍性讨论

　　本书主要采用基于弹性系数的多元回归方法来分析降水、气温、冻土等要素变化对径流和蒸散发变化的影响。数据本身的不确定性可能会导致估计的弹性系数的不确定性。为更好地验证本书得到的流域冻土变化对水文过程影响的研究结论是否具有普遍性,未来可在青藏高原其他流域进行类似的研究,从而更好地论证不同流域不同冻土水文条件下冻土变化对水文过程的影响。

　　本书验证了分布式模型 GBEHM 在雅鲁藏布江的应用具有良好效果,证明了模型在不同流域不同冻土水文条件下均能够很好地应用。未来研究中可进一步将 GBEHM 在青藏高原其他流域推广应用。

参 考 文 献

BASIST A, BELL G D, MEENTEMEYER V. Statistical relationships between topography and precipitation patterns[J]. Journal of Climate, 1994, 7: 1305-1315.

BENSE V F, KOOI H, FERGUSON G, et al. Permafrost degradation as a control on hydrogeological regime shifts in a warming climate[J]. Journal of Geophysical Research: Earth Surface, 2012, 117(F3).

BERRISFORD P, DEE D, POLI P, et al. The ERA-Interim archive Version 2.0[R]. ERA Report Series 1, ECMWF, Shinfield Park. UK: Reading, 2011.

BIANCHI B, JAN VAN LEEUWEN P, HOGAN R J, et al. A variational approach to retrieve rain rate by combining information from rain gauges, radars, and microwave links[J]. Journal of Hydrometeorology, 2013, 14(6): 1897-1909.

BOÉ J, TERRAY L, HABETS F, et al. Statistical and dynamical downscaling of the Seine basin climate for hydro-meteorological studies[J]. International Journal of Climatology, 2007, 27(12): 1643-1655.

BOSSON E, SABEL U, GUSTAFSSON L, et al. Influences of shifts in climate, landscape, and permafrost on terrestrial hydrology[J]. Journal of Geophysical Research: Atmospheres, 2012, 117(D5).

CHEN J, HUBBARD S, YORAM R. Estimating the hydraulic conductivity at the South Oyster Site from geophysical tomographic data using Bayesian techniques based on the normal linear regression model[J]. Water Resources Research, 2001, 37: 1603-1613.

CHEN R S, SONG Y X, KANG E S, et al. A cryosphere-hydrology observation system in a small alpine watershed in the Qilian Mountains of China and its meteorological gradient[J]. Arctic, Antarctic, and Alpine Research, 2014, 46(2): 505-523.

CHEN R, LIU J, KANG E, et al. Precipitation measurement intercomparison in the Qilian Mountains, north-eastern Tibetan Plateau[J]. The Cryosphere, 2015, 9(5): 1995-2008.

CHEN R, WANG G, YANG Y, et al. Effects of cryospheric change on alpine hydrology: Combining a model with observations in the upper reaches of the Hei River, China[J]. Journal of Geophysical Research: Atmospheres, 2018, 123(7): 3414-3442.

CHEN X, LONG D, HONG Y, et al. Improved modeling of snow and glacier melting by a progressive two-stage calibration strategy with GRACE and multisource data: How snow and glacier meltwater contributes to the runoff of the Upper Brahmaputra River basin? [J]. Water Resources Research, 2017, 53 (3): 2431-2466.

CHENG G, SUN Z, NIU F. Application of the roadbed cooling approach in Qinghai-Tibet railway engineering[J]. Cold Regions Science and Technology, 2008, 53(3): 241-258.

CHENG G, JIN H. Permafrost and groundwater on the Qinghai-Tibet Plateau and in northeast China[J]. Hydrogeology Journal, 2013, 21(1): 5-23.

CHENG G, WU T. Responses of permafrost to climate change and their environmental significance, Qinghai-Tibet Plateau[J]. Journal of Geophysical Research, 2007, 112(F2).

CHIEW F, PEEL M, Mcmahon T, et al. Precipitation elasticity of streamflow in catchments across the world[J]. Climate Variability & Change Hydrological Impacts, 2006, 308.

CONG Z, YANG D, Gao B, et al. Hydrological trend analysis in the Yellow River basin using a distributed hydrological model[J]. Water Resources Research, 2009, 45(7).

CRESSIE N. Statistics for Spatial Data, Revised Edition [J]. Biometrics, 1993, 50(50).

CUO L, ZHANG Y. Spatial patterns of wet season precipitation vertical gradients on the Tibetan Plateau and the surroundings[J]. Scientific Reports, 2017, 7(1).

CUO L, ZHANG Y, BOHN T J, et al. Frozen soil degradation and its effects on surface hydrology in the northern Tibetan Plateau[J]. Journal of Geophysical Research: Atmospheres, 2015, 120(16): 8276-8298.

CUO L, ZHANG Y, ZHU F, et al. Characteristics and changes of streamflow on the Tibetan Plateau: A review[J]. Journal of Hydrology: Regional Studies, 2014, 2: 49-68.

DAI Y, SHANGGUAN W, DUAN Q, et al. Development of a China dataset of soil hydraulic parameters using pedotransfer functions for land surface modeling[J]. Journal of Hydrometeorology, 2013, 14(3): 869-887.

DALY C, NEILSON R P, PHILLIPS D L. A statistical-topographic model for mapping climatological precipitation over mountainous terrain [J]. Journal of Applied Meteorology, 1994, 33: 140-158.

DALY C, HALBLEIB M, SMITH J I, et al. Physiographically sensitive mapping of climatological temperature and precipitation across the conterminous United States[J]. International Journal of Climatology, 2008, 28(15): 2031-2064.

DEE D P, UPPALA S M, SIMMONS A J, et al. The ERA - Interim reanalysis: configuration and performance of the data assimilation system [J]. Quarterly Journal of the Royal Meteorological Society, 2011, 137(656): 553-597.

DELHOMME J P. Kriging in the hydrosciences [J]. Advances in water resources, 1978, 1(5): 251-266.

DIALLO I, SYLLA M B, GIORGI F, et al. Multimodel GCM-RCM ensemble-based projections of temperature and precipitation over west Africa for the early 21st century[J]. International Journal of Geophysics, 2012, 2012: 1-19.

DICKINSON R E, ERRICO R M, GIORGI F, et al. A regional climate model for the western U. S. A[J]. Climate Change, 1989, 15: 383-422.

DICKINSON R E, HENDERSON-SELLERS A, KENNEDY P J. A biosphere-atmosphere transfer scheme (BATS) version as coupled to the NCAR community climate model[J]. Technical note, 1993.

EBERT E E, JANOWIAK J E, KIDD C. Comparison of near-real-time precipitation estimates from satellite observations and numerical models [J]. Bulletin of the American Meteorological Society, 2007, 88(1): 47-64.

FAO, IIASA, ISRIC, et al. Harmonized world soil database (version 1. 1)[J]. Rome, Italy: FAO, 2009.

FELDMANN H, SCHÄDLER G, PANITZ H, et al. Near future changes of extreme precipitation over complex terrain in central Europe derived from high resolution RCM ensemble simulations[J]. International Journal of Climatology, 2013, 33(8): 1964-1977.

FLERCHINGER G, SAXTON K. Simultaneous heat and water model of a freezing snow-residue-soil system I. Theory and development[J]. Transactions of ASAE, 1989, 32: 565-571.

FOWLER H J, BLENKINSOP S, TEBALDI C. Linking climate change modelling to impacts studies: recent advances in downscaling techniques for hydrological modelling[J]. International Journal of Climatology, 2007, 27(12): 1547-1578.

FU B. On the Calculation of the evaporation from land surface [J]. Scientia Atmospherica Sinica, 1981, 5: 23-31.

GAO B, QIN Y, WANG Y, et al. Modeling ecohydrological processes and spatial patterns in the upper heihe Basin in China[J]. Forests, 2016, 7(12): 10.

GAO B, YANG D, QIN Y, et al. Change in frozen soils and its effect on regional hydrology, upper Heihe basin, northeastern Qinghai-Tibetan Plateau [J]. The Cryosphere, 2018a, 12(2): 657-673.

GAO T, ZHANG T, GUO H, et al. Impacts of the active layer on runoff in an upland permafrost basin, northern Tibetan Plateau [J]. Plos One, 2018b, 13(2): e0192591.

GIORGI F, BATES G T. The climatological skill of a regional model over complex terrain[J]. Monthly Weather Review, 1989, 117: 2325-2347.

GIOVANNETTONE J P, BARROS A P. Probing regional orographic controls of precipitation and cloudiness in the central andes using satellite data[J]. Journal of Hydrometeorology, 2009, 10(1): 167-182.

GOTTSCHALCK J, MENG J, RODELL M, et al. Analysis of multiple precipitation products and preliminary assessment of tyheir impact on global land data assimilation system land surface states[J]. Journal of Hydrometeorology, 2005, 6(5): 573-598.

GUAN H, WILSON J L, MAKHNIN O. Geostatistical mapping of mountain precipitation incorporating autosearched effects of terrain and climatic characteristics[J]. Journal of Hydrometeorology, 2005, 6(6): 1018-1031.

GUAN H, WILSON J L, XIE H. A cluster-optimizing regression-based approach for precipitation spatial downscaling in mountainous terrain[J]. Journal of Hydrology, 2009, 375(3-4): 578-588.

HABERLANDT U. Geostatistical interpolation of hourly precipitation from rain gauges and radar for a large-scale extreme rainfall event[J]. Journal of Hydrology, 2007, 332(1-2): 144-157.

HARRIS C, ARENSON L U, CHRISTIANSEN H H, et al. Permafrost and climate in Europe: Monitoring and modelling thermal, geomorphological and geotechnical responses[J]. Earth-Science Reviews, 2009, 92(3-4): 117-171.

HOFSTRA N, HAYLOCK M, NEW M, et al. Comparison of six methods for the interpolation of daily, European climate data[J]. Journal of Geophysical Research, 2008, 113(D21).

HOFSTRA N, NEW M. Spatial variability in correlation decay distance and influence on angular-distance weighting interpolation of daily precipitation over Europe[J]. International Journal of Climatology, 2009, 29(12): 1872-1880.

HUFFMAN G J, BOLVIN D T, BRAITHWAITE D, et al. NASA global precipitation measurement (GPM) integrated multi-satellitE retrievals for GPM (IMERG) [J]. Algorithm Theoretical Basis Document (ATBD) Version 4.5, 2015: 30.

HUFFMAN G J, BOLVIN D T, NELKIN E J, et al. The TRMM multisatellite precipitation analysis (TMPA): Quasi-global, multiyear, combined-sensor precipitation estimates at fine scales[J]. Journal of Hydrometeorology, 2007, 8(1): 38-55.

HUFFMAN G, ADLER R, BOLVIN D, et al. TRMM Multi-satellite precipitation analysis (TMPA) [J]. Journal of Hydrometeorology, 2010, 8: 38.

IMMERZEEL W W, RUTTEN M M, DROOGERS P. Spatial downscaling of TRMM precipitation using vegetative response on the Iberian Peninsula [J]. Remote

Sensing of Environment, 2009, 113(2): 362-370.

IMMERZEEL W W, VAN BEEK L P H, BIERKENS M F P. Climate change will affect the asian water towers[J]. Science, 2010, 328(5984): 1382-1385.

JARVIS A, REUTER H I, NELSON A, et al. Holefilled SRTM for the globe version 4[DS]. CGIAR-CSI SRTM 90m Database. 2008.

JIA S, ZHU W, LÜA, et al. A statistical spatial downscaling algorithm of TRMM precipitation based on NDVI and DEM in the Qaidam Basin of China[J]. Remote Sensing of Environment, 2011, 115(12): 3069-3079.

JIN H, LUO D, WANG S, et al. Spatiotemporal variability of permafrost degradation on the Qinghai-Tibet Plateau[J]. Sciences in Cold and Arid Regions, 2011, 3(4): 0281-0305.

JIN R, LI X. Improving the estimation of hydrothermal state variables in the active layer of frozen ground by assimilating in situ observations and SSM/I data[J]. Science in China Series D: Earth Sciences, 2009, 52(11): 1732-1745.

JOYCE R J, JANOWIAK J E, ARKIN P A, et al. CMORPH: A method that produces global precipitation estimates from passive microwave and infrared data at high spatial and temporal resolution[J]. Journal of Hydrometeorology, 2004, 5(3): 487-503.

KALNAY E, KANAMITSU M, KISTLER R, et al. The ncep/ncar 40-year reanalysis project[J]. Bulletin of the American Meteorological Society, 1996, 77 (3): 437-472.

KAPTUÉ A T, HANAN N P, PRIHODKO L, et al. Spatial and temporal characteristics of rainfall in Africa: Summary statistics for temporal downscaling [J]. Water Resources Research, 2015, 51(4): 2668-2679.

KINGSMILL D E, NEIMAN P J, RALPH F M, et al. Synoptic and topographic variability of northern california precipitation characteristics in landfalling winter storms observed during CALJET[J]. Monthly Weather Review, 2006, 134(8): 2072-2094.

KIRSHBAUM D J, DURRAN D R. Atmospheric factors governing banded orographic convection[J]. Journal of the Atmospheric Sciences, 2005a, 62(10): 3758-3774.

KIRSHBAUM D J, DURRAN D R. Observations and modeling of banded orographic convection[J]. Journal of the Atmospheric Sciences, 2005b, 62(5): 1463-1479.

KITANIDIS P K. Introduction to geostatistics[M]. Cambridge University Press, 1997.

KONAPALA G, MISHRA A K. Three-parameter-based streamflow elasticity model: application to MOPEXbasins in the USA at annual and seasonal scales [J]. Hydrology and Earth System Sciences, 2016, 20(6): 2545-2556.

LAUX P, VOGL S, QIU W, et al. Copula-based statistical refinement of precipitation in RCM simulations over complex terrain [J]. Hydrology and Earth System

Sciences Discussions, 2011, 8(2): 3001-3045.

LAWRENCE D M, KOVEN C D, SWENSON S C, et al. Permafrost thaw and resulting soil moisture changes regulate projected high-latitude CO_2 and CH_4 emissions[J]. Environmental Research Letters, 2015, 10(9): 094011.

LI S, MOTE P W, RUPP D E, et al. Evaluation of a regional climate modeling effort for the western United States using a superensemble from weather @ home[J]. Journal of Climate, 2015, 28(19): 7470-7488.

LI X, CHENG G, LIU S, et al. Heihe watershed allied telemetry experimental research (HiWATER): Scientific objectives and experimental design[J]. Bulletin of the American Meteorological Society, 2013a, 94, 1145-1160.

LI X, KOIKE T. Frozen soil parameterization in SiB2 and its validation with GAME-Tibet observations[J]. Cold Regions Science and Technology, 2003, 36(1-3): 165-182.

LI X, LIU S, XIAO Q, et al. A multiscale dataset for understanding complex eco-hydrological processes in a heterogeneous oasis system[J]. Scientific Data, 2017, 4:170083.

LI Z, YANG D, HONG Y. Multi-scale evaluation of high-resolution multi-sensor blended global precipitation products over the Yangtze River [J]. Journal of Hydrology, 2013b, 500: 157-169.

LI Z, YANG D, HONG Y, et al. Characterizing spatiotemporal variations of hourly rainfall by gauge and radar in the mountainous three gorges region[J]. Journal of Applied Meteorology and Climatology, 2014, 53(4): 873-889.

LIANG X, LI L, KUNKEL K. Regional climate model simulation of U. S. precipitation during 1982-2002. Part I: Annual Cycle[J]. Journal of Climate, 2004, 17(18): 3510-3529.

LIU G, WANG G. Insight into runoff decline due to climate change in China's Water Tower[J]. Water Science and Technology: Water Supply, 2012, 12(3): 352-361.

LIU S, GUO W, XU J, et al. The second glacier inventory dataset of China (Version 1.0)[DS]. Cold and Arid Regions Science Data Center at Lanzhou, 2014.

LLOYD C D. Assessing the effect of integrating elevation data into the estimation of monthly precipitation in Great Britain[J]. Journal of Hydrology, 2005, 308(1-4): 128-150.

LUNARDINI V J. Heat transfer in cold climates [C]. New York: Van Nostrand Reinhold Co. , 1981.

LUNDQUIST J D, MINDER J R, NEIMAN P J, et al. Relationships between barrier jet heights, orographic precipitation gradients, and streamflow in the northern Sierra Nevada[J]. Journal of Hydrometeorology, 2010, 11(5): 1141-1156.

LY S, CHARLES C, DEGRÉ A. Geostatistical interpolation of daily rainfall at catchment scale: the use of several variogram models in the Ourthe and Ambleve catchments, Belgium[J]. Hydrology and Earth System Sciences, 2011, 15(7): 2259-2274.

MA H, YANG D, TAN S K, et al. Impact of climate variability and human activity on streamflow decrease in the Miyun Reservoir catchment[J]. Journal of Hydrology, 2010, 389(3-4): 317-324.

MA Y, TANG G, LONG D, et al. Similarity and error intercomparison of the GPM and its predecessor-TRMM multisatellite precipitation analysis using the best available hourly gauge network over the Tibetan Plateau[J]. Remote Sensing, 2016, 8(7): 569.

MARAUN D, WIDMANN M. The representation of location by a regional climate model in complex terrain[J]. Hydrology and Earth System Sciences, 2015, 19(8): 3449-3456.

MARTÍNEZ-COB A. Multivariate geostatistical analysis of evapotranspiration and precipitation in mountainous terrain[J]. Journal of Hydrology, 1996, 174(1): 19-35.

MASS C, JOHNSON N, WARNER M, et al. Synoptic control of cross-barrier precipitation ratios for the cascade mountains[J]. Journal of Hydrometeorology, 2015, 16(3): 1014-1028.

MAURYA R K S, SINGH G P. Simulation of present-day precipitation over India using a regional climate model[J]. Meteorology and Atmospheric Physics, 2016, 128(2): 211-228.

MAUSSION F, SCHERER D, MÖLG T, et al. Precipitation seasonality and variability over the tibetan plateau as resolved by the high asia reanalysis[J]. Journal of Climate, 2014, 27(5): 1910-1927.

MENG F, SU F, LI Y, et al. Changes in terrestrial water storage during 2003-2014 and possible causes in tibetan plateau[J]. Journal of Geophysical Research: Atmospheres, 2019.

NEW M, HULME M, JONES P. Representing twentieth-century space-time climate variability. Part II: Development of 1901-96 monthly grids of terrestrial surface climate[J]. Journal of Climate, 2000, 13(13): 2217-2238.

NEW M, HULME M, JONES P. Representing twentieth-century space-time climate variability. Part I: Development of a 1961-90 mean monthly terrestrial climatology[J]. Journal of Climate, 1999, 12(3): 829-856.

NEWMAN A J, CLARK M P, CRAIG J, et al. Gridded ensemble precipitation and temperature estimates for the contiguous united states[J]. Journal of Hydrometeorology, 2015, 16(6): 2481-2500.

NYKANEN D K, FOUFOULAGEORGIOU E, LAPENTA W M. Impact of small-scale rainfall variability on larger-scale spatial organization of land atmosphere fluxes[J]. Journal of Hydrometeorology, 2001, 2: 105-121.

OERLEMANS J. Glaciers and climate change[M]. Lisse: A. A. Balkema Publisher, 2001.

OERLEMANS J, KNAP W H. A 1 year record of global radiation and albedo in the ablation zone of Morteratschgletscher, Switzerland[J]. Journal of Glaciology, 1998, 44(147): 231-238.

OLESON K W, LAWRENCE D M, BONAN G B, et al. Technical description of version 4.0 of the community land model (CLM). NCAR technical note NCAR/TN-4781STR[J]. Boulder: National Center for Atmospheric Research, 2010.

OSTERKAMP T. The recent warming of permafrost in Alaska[J]. Global and Planetary Change, 2005, 49(3-4): 187-202.

PAN X, LI X, CHENG G, et al. Development and evaluation of a river-basin-scale high spatio-temporal precipitation data set using the WRF model: A case study of the heihe river basin[J]. Remote Sensing, 2015, 7(7): 9230-9252.

PANG Q, CHENG G, LI S, et al. Active layer thickness calculation over the Qinghai-Tibet Plateau[J]. Cold Regions Science and Technology, 2009, 57(1): 23-28.

PENG X, ZHANG T, FRAUENFELD O W, et al. Response of seasonal soil freeze depth to climate change across China[J]. The Cryosphere, 2017, 11(3): 1059-1073.

PRASANNA V, SUBERE J, DAS D K, et al. Development of daily gridded rainfall dataset over the Ganga, Brahmaputra and Meghna river basins[J]. Meteorological Applications, 2014, 21(2): 279-293.

QIN Y, CHEN J, YANG D, et al. Estimating seasonally frozen ground depth from historical climate data and site measurements using a bayesian model[J]. Water Resources Research, 2018, 54(7): 4361-4375.

QIN Y, LEI H, YANG D, et al. Long-term change in the depth of seasonally frozen ground and its ecohydrological impacts in the Qilian Mountains, northeastern Tibetan Plateau[J]. Journal of Hydrology, 2016, 542: 204-221.

QIN Y, YANG D, GAO B, et al. Impacts of climate warming on the frozen ground and eco-hydrology in the Yellow River source region, China[J]. Science of the Total Environment, 2017, 605-606: 830-841.

QIU J. Thawing permafrost reduces river runoff[J]. Nature, 2012, 6.

RAN Y, LI X, CHENG G, et al. Distribution of permafrost in China: An overview of existing permafrost maps[J]. Permafrost and Periglacial Processes, 2012, 23(4): 322-333.

RISEBOROUGH D, SHIKLOMANOV N, ETZELMÜLLER B, et al. Recent advances in permafrost modelling[J]. Permafrost and Periglacial Processes, 2008, 19(2): 137-156.

ROGELIS M C, WERNER M G F. Spatial interpolation for real-time rainfall field estimation in areas with complex topography[J]. Journal of Hydrometeorology, 2013, 14(1): 85-104.

ROMANOVSKY V E, SMITH S L, CHRISTIANSEN H H. Permafrost thermal state in the polar Northern Hemisphere during the international polar year 2007-2009: a synthesis[J]. Permafrost and Periglacial Processes, 2010, 21(2): 106-116.

SANBERG J A M, OERLEMANS J. Modeling of Pleistocene European ice sheets: The effect of upslope precipitation[J]. Geologie En Mijnbouw-Netherlands Journal of Geosciences, 1983, 62: 267-273.

SANKARASUBRAMANIAN A, VOGEL R M, LIMBRUNNER J F. Climate elasticity of streamflow in the United States[J]. Water Resources Research, 2001, 37(6): 1771-1781.

SCHAAKE J C. From climate to flow in climate change and US water resources[J]. John Wiley: New York, 1990, 177-206.

SCHIEMANN R, LüTHI D, SCHÄR C. Seasonality and interannual variability of the westerly jet in the Tibetan Plateau region[J]. Journal of Climate, 2008, 22(11): 2940-2957.

SHEN Y, XIONG A. Validation and comparison of a new gauge-based precipitation analysis over mainland China[J]. International Journal of Climatology, 2016, 36(1): 252-265.

SHEPARD D. A two-dimensional interpolation function for irregularly-spaced data[J]. ACM National Conference, 1968: 517-524.

SHI Y, SONG L. Spatial downscaling of monthly TRMM precipitation based on EVI and other geospatial variables over the Tibetan Plateau from 2001 to 2012[J]. Mountain Research and Development, 2015, 35(2): 180-194.

SMALL E E, GIORGI F, SLOAN L C. Regional climate model simulation of precipitation in central Asia: Mean and interannual variability[J]. Journal of Geophysical Research: Atmospheres, 1999, 104(D6): 6563-6582.

SMITH R B, EVANS J P. Orographic precipitation and water vapor fractionation over the southern andes[J]. Journal of Hydrometeorology, 2007, 8(1): 3-19.

STEFAN J. Über die Theorie der Eisbildung, insbesondere über die Eisbildung im Polarmee[J]. Annalen der Physik, 1891, 278(2): 269-286.

SU F, ZHANG L, OU T, et al. Hydrological response to future climate changes for the major upstream river basins in the Tibetan Plateau[J]. Global and Planetary Change, 2016, 136: 82-95.

SUN Q, MIAO C, DUAN Q, et al. A review of global precipitation data sets: Data sources, estimation, and intercomparisons[J]. Reviews of Geophysics, 2018, 56(1): 79-107.

TAN M, DUAN Z. Assessment of GPM and TRMM precipitation products over Singapore[J]. Remote Sensing, 2017, 9(7): 720.

TANG G, LONG D, HONG Y, et al. Documentation of multifactorial relationships between precipitation and topography of the Tibetan Plateau using spaceborne precipitation radars[J]. Remote Sensing of Environment, 2018, 208: 82-96.

TAYLOR C M, HARDING R J, THORPE A J, et al. A mesoscale simulation of land surface heterogeneity from HAPEX-Sahel[J]. Journal of Hydrology, 1997, 188-189: 1040-1066.

TIAN Y, HUFFMAN G J, ADLER R F, et al. Modeling errors in daily precipitation measurements: Additive or multiplicative? [J]. Geophysical Research Letters, 2013, 40(10): 2060-2065.

TOBIN K J, BENNETT M E. Adjusting satellite precipitation data to facilitate hydrologic modeling[J]. Journal of Hydrometeorology, 2010, 11(4): 966-978.

TONG K, SU F, YANG D, et al. Evaluation of satellite precipitation retrievals and their potential utilities in hydrologic modeling over the Tibetan Plateau[J]. Journal of Hydrology, 2014, 519: 423-437.

WALVOORD M A, STRIEGL R G. Increased groundwater to stream discharge from permafrost thawing in the Yukon River basin: Potential impacts on lateral export of carbon and nitrogen[J]. Geophysical Research Letters, 2007, 34(12).

WANG L, KOIKE T, YANG K, et al. Frozen soil parameterization in a distributed biosphere hydrological model[J]. Hydrology and Earth System Sciences, 2010, 14(3): 6895-6928.

WANG Q, ZHANG T, PENG X, et al. Changes of soil thermal regimes in the Heihe River Basin over western china[J]. Arctic, Antarctic, and Alpine Research, 2015, 47(2): 231-241.

WANG T, YANG D, FANG B, et al. Data-driven mapping of the spatial distribution and potential changes of frozen ground over the Tibetan Plateau[J]. Science of the Total Environment, 2019, 649: 515-525.

WANG T, YANG D, QIN Y, et al. Historical and future changes of frozen ground in the upper Yellow River Basin [J]. Global and Planetary Change, 2018a, 162: 199-211.

WANG T, YANG H, YANG D, et al. Quantifying the streamflow response to frozen ground degradation in the source region of the Yellow River within the Budyko framework[J]. Journal of Hydrology, 2018b, 558: 301-313.

WANG Y, YANG H, GAO B, et al. Frozen ground degradation may reduce future runoff in the headwaters of an inland river on the northeastern Tibetan Plateau[J]. Journal of Hydrology, 2018c, 564: 1153-1164.

WANG Y, YANG H, YANG D, et al. Spatial interpolation of daily precipitation in a high mountainous watershed based on gauge observations and a regional climate model simulation[J]. Journal of Hydrometeorology, 2017, 18(3): 845-862.

WEBSTER P J, MAGAÑA V O, PALMER T N, et al. Monsoons: Processes, predictability, and the prospects for prediction [J]. Journal of Geophysical Research: Oceans, 1998, 103(C7): 14451-14510.

WILLMOTT C J, ROWE C M, PHILPOT W D. Small-scale climate maps: A sensitivity analysis of some common assumptions associated with grid-point interpolation and contouring[J]. The American Cartographer, 1985, 12(1): 5-16.

WOO M, PERMAFROST HYDROLOGY[M]. Heidelberg, Germany: Springer, 2012.

WOO M, KANE D L, CAREY S K, et al. Progress in permafrost hydrology in the new millennium[J]. Permafrost and Periglacial Processes, 2008, 19(2): 237-254.

WOOD A W, LEUNG L R, SRIDHAR V, et al. Hydrologic Implications of dynamical and statistical approaches to downscaling climate model outputs [J]. Climate Change, 2004, 62: 189-216.

WOOD A W. Long-range experimental hydrologic forecasting for the eastern United States[J]. Journal of Geophysical Research, 2002, 107(D20).

WU B. Monthly evapotranspiration datasets (2000-2012) with 1 km spatial resolution over the Heihe River basin[DS]. Heihe Plan Science Data Center, 2013.

WU B, YAN N, XIONG J, et al. Validation of ETWatch using field measurements at diverse landscapes: A case study in Hai Basin of China[J]. Journal of Hydrology, 2012, 436-437: 67-80.

WU Q, ZHANG T. Changes in active layer thickness over the Qinghai-Tibetan Plateau from 1995 to 2007[J]. Journal of Geophysical Research, 2010, 115(D9).

WU Q, ZHANG T. Recent permafrost warming on the Qinghai-Tibetan Plateau[J]. Journal of Geophysical Research-Atmospheres, 2008, 113(D13): D13108.

WU T, LI S, CHENG G, et al. Using ground-penetrating radar to detect permafrost degradation in the northern limit of permafrost on the Tibetan Plateau[J]. Cold Regions Science and Technology, 2005, 41(3): 211-219.

WU T, ZHAO L, LI R, et al. Recent ground surface warming and its effects on permafrost on the central Qinghai-Tibet Plateau [J]. International Journal of Climatology, 2013, 33(4): 920-930.

XIE P, ARKIN P A. Global Precipitation: A 17-year monthly analysis based on gauge observations, satellite estimates, and numerical model outputs [J]. American Meteorological Society, 1997, 78(11): 2539-2558.

XIE P, CHEN M, YANG S, et al. A gauge-based analysis of daily precipitation over East Asia[J]. Journal of Hydrometeorology, 2007, 8(3): 607-626.

XIONG Z, FU C, YAN X. Regional integrated environmental model system and its simulation of East Asia summer monsoon[J]. Chinese Science Bulletin, 2009,

54(22): 4253-4261.

XIONG Z, YAN X. Building a high-resolution regional climate model for the Heihe River Basin and simulating precipitation over this region[J]. Chinese Science Bulletin, 2013, 58(36): 4670-4678.

XU R, HU H, TIAN F, et al. Projected climate change impacts on future streamflow of the Yarlung Tsangpo-Brahmaputra River[J]. Global and Planetary Change, 2019, 175: 144-159.

XU R, TIAN F, YANG L, et al. Ground validation of GPM IMERG and TRMM 3B42V7 rainfall products over southern Tibetan Plateau based on a high-density rain gauge network[J]. Journal of Geophysical Research: Atmospheres, 2017, 122 (2): 910-924.

XUE X, HONG Y, LIMAYE A S, et al. Statistical and hydrological evaluation of TRMM-based Multi-satellite Precipitation Analysis over the Wangchu Basin of Bhutan: Are the latest satellite precipitation products 3B42V7 ready for use in ungauged basins? [J]. Journal of Hydrology, 2013, 499: 91-99.

YAN D, LIU S, QIN T, et al. Evaluation of TRMM precipitation and its application to distributed hydrological model in Naqu River Basin of the Tibetan Plateau[J]. Hydrology Research, 2017, 48(3): 822-839.

YANG D, YE B, L. KANE D. Streamflow changes over Siberian Yenisei River Basin[J]. Journal of Hydrology, 2004, 296(1-4): 59-80.

YANG D, GAO B, JIAO Y, et al. A distributed scheme developed for eco-hydrological modeling in the upper Heihe River[J]. Science China Earth Sciences, 2015, 58(1): 36-45.

YANG D, HERATH S, KATUMI M. A hillslope-based hydrological model using catchment area and width functions[J]. Hydrological Sciences Journal, 2002, 47(1): 49-65.

YANG D, HERATH S, MUSIAKE K. Development of a geomorphology-based hydrological model for large catchments[J]. Proceedings of Hydraulic Engineering, 1998, 42: 169-174.

YANG H, YANG D. Derivation of climate elasticity of runoff to assess the effects of climate change on annual runoff[J]. Water Resources Research, 2011, 47(7).

YANG K, YE B, ZHOU D, et al. Response of hydrological cycle to recent climate changes in the Tibetan Plateau[J]. Climatic Change, 2011, 109(3-4): 517-534.

YANG M, NELSON F E, SHIKLOMANOV N I, et al. Permafrost degradation and its environmental effects on the Tibetan Plateau: A review of recent research[J]. Earth-Science Reviews, 2010, 103(1-2): 31-44.

YONG B, CHEN B, GOURLEY J J, et al. Intercomparison of the Version-6 and Version-7 TMPA precipitation products over high and low latitudes basins with independent gauge networks: Is the newer version better in both real-time and post-real-time analysis for water resources and hydrologic extremes? [J]. Journal of Hydrology, 2014, 508: 77-87.

YOUNG C B, NELSON B R, BRADLEY A A, et al. An evaluation of NEXRAD precipitation estimates in complex terrain[J]. Journal of Geophysical Research Atmospheres, 1999, 104: 19691-19703.

ZHANG A, LIU W, YIN Z, et al. How will climate change affect the water availability in the Heihe River Basin, northwest China? [J]. Journal of Hydrometeorology, 2016, 17(5): 1517-1542.

ZHENG G, YANG H, LEI H, et al. Development of a physically based soil Albedo parameterization for the Tibetan Plateau[J]. Vadose Zone Journal, 2018, 17(1).

ZHENG H, ZHANG L, ZHU R, et al. Responses of streamflow to climate and land surface change in the headwaters of the Yellow River Basin[J]. Water Resources Research, 2009, 45(7).

ZHOU J, KINZELBACH W, CHENG G, et al. Monitoring and modeling the influence of snow pack and organic soil on a permafrost active layer, Qinghai-Tibetan Plateau of China[J]. Cold Regions Science and Technology, 2013, 90-91: 38-52.

ZHU X, WANG W, FRAEDRICH K. Future climate in the Tibetan Plateau from a statistical regional climate model [J]. Journal of Climate, 2013a, 26 (24): 10125-10138.

ZHU Z, BI J, PAN Y, et al. Global data sets of vegetation leaf area index (LAI)3g and fraction of photosynthetically active radiation (FPAR)3g derived from global inventory modeling and mapping studies (GIMMS) normalized difference vegetation index (NDVI3g) for the period 1981 to 2011[J]. Remote Sensing, 2013b, 5(2): 927-948.

ZOU D, ZHAO L, SHENG Y, et al. A new map of permafrost distribution on the Tibetan Plateau[J]. The Cryosphere, 2017, 11(6): 2527-2542.

柏露, 姚宜斌, 雷祥旭, 等. 近40年青藏高原地区地表温度的年际及季节性变化特征分析[J]. 测绘地理信息, 2018, 43(2): 15-18.

陈斌, 李海东, 曹学章, 等. 雅鲁藏布江流域植被格局与NDVI分布的空间响应[J]. 中国沙漠, 2015, 35(1): 0120-0128.

陈仁升, 吕世华, 康尔泗, 等. 内陆河高寒山区流域分布式水热耦合模型(Ⅰ):模型原理[J]. 地球科学进展, 2006(08): 806-818.

程国栋, 金会军. 青藏高原多年冻土区地下水及其变化[J]. 水文地质工程地质, 2013, 40(1): 1-11.

丁松爽, 苏培玺. 黑河上游祁连山区植物群落随海拔生境的变化特征[J]. 冰川冻土, 2010(4): 829-836.

高冰. 长江流域的陆气耦合模拟及径流变化分析[D]. 北京:清华大学, 2012.

高冰，杨大文，刘志雨，等．雅鲁藏布江流域的分布式水文模拟及径流变化分析[J]．
　　水文，2008(3)：40-44.

胡芩，姜大膀，范广洲．CMIP5 全球气候模式对青藏高原地区气候模拟能力评估[J]．
　　大气科学，2014，38(5)：924-938.

金会军，王绍令，吕兰芝，等．黄河源区冻土特征及退化趋势[J]．冰川冻土，2010，
　　32(1)：10-17.

蓝永超，丁宏伟，胡兴林，等．黑河山区气温与降水的季节变化特征及其区域差异[J]．
　　山地学报，2015(3)：294-302.

李海燕，王可丽，江灏，等．黑河流域降水的研究进展与展望[J]．冰川冻土，2009(2)：
　　334-341.

李巧萍，丁一汇．区域气候模式对东亚季风和中国降水的多年模拟与性能检验[J]．气
　　象学报，2004(2)：140-153.

李哲．多源降雨观测与融合及其在长江流域的水文应用[D]．北京：清华大学，2015.

刘景时，魏文寿，黄玉英，等．天山玛纳斯河冬季径流对暖冬和冻土退化的响应[J]．
　　冰川冻土，2006(5)：656-662.

刘俊峰，陈仁升，韩春坛，等．多卫星遥感降水数据精度评价[J]．水科学进展，
　　2010(3)：343-348.

陆胤昊，叶柏生，李翀．冻土退化对海拉尔河流域水文过程的影响[J]．水科学进展，
　　2013(3)：319-325.

罗贤，季漩，李运刚，等．怒江流域中上游地表冻融特征及时空分布[J]．山地学报，
　　2017，35(3)：266-273.

莫崇勋，阮俞理，莫桂燕，等．基于弹性系数法的径流对气候变化与人类活动响应研
　　究[J]．水文，2018(2)：41-45.

南卓铜，黄培培，赵林．青藏高原西部区域多年冻土分布模拟及其下限估算[J]．地理
　　学报，2013(3)：318-327.

尼玛旦增．1980—2013 年雅鲁藏布江流域气候要素时空特征[J]．高原科学研究，
　　2018(1)：38-45.

宁宝英，何元庆，和献中，等．黑河流域水资源研究进展[J]．中国沙漠，2008(6)：
　　1180-1185.

牛丽，叶柏生，李静，等．中国西北地区典型流域冻土退化对水文过程的影响[J]．中
　　国科学：地球科学，2011，41(1)：85-92.

潘旸，沈艳，宇婧婧，等．基于贝叶斯融合方法的高分辨率地面-卫星-雷达三源降水融
　　合试验[J]．气象学报，2015(1)：177-186.

齐文文，张百平，庞宇，等．基于 TRMM 数据的青藏高原降水的空间和季节分布特征
　　[J]．地理科学，2013，33(8)：999-1005.

秦越．青藏高原东北部典型流域冻土退化及其生态水文效应研究[D]．北京：清华大
　　学，2018.

沈艳，冯明农，张洪政，等．我国逐日降水量格点化方法[J]．应用气象学报，2010(3)：

279-286.

孙乐强，郝振纯，王加虎，等. TMPA 卫星降水数据的评估与校正[J]. 水利学报，
　　2014(10)：1135-1146.

孙琪，周锁铨，康娜，等. 基于 GIS 的长江中上游降水的空间分析[J]. 南京气象学院
　　学报，2007(2)：201-209.

唐雄朋，刘艳丽，张建云，等. 气候变化下雅鲁藏布江拉孜以上流域径流过程模拟与预
　　测[J]. 水文，2018(6)：24-30.

王超，赵传燕. TRMM 多卫星资料在黑河上游降水时空特征研究中的应用[J]. 自然资
　　源学报，2013(5)：862-872.

王磊，李秀萍，周璟，等. 青藏高原水文模拟的现状及未来[J]. 地球科学进展，
　　2014(6)：674-682.

王宁练，贺建桥，蒋熹，等. 祁连山中段北坡最大降水高度带观测与研究[J]. 冰川冻
　　土，2009(3)：395-403.

王庆峰，张廷军，吴吉春，等. 祁连山区黑河上游多年冻土分布考察[J]. 冰川冻土，
　　2013，35(1)：19-29.

吴吉春，盛煜，吴青柏，等. 青藏高原多年冻土退化过程及方式[J]. 中国科学(D 辑：
　　地球科学)，2009(11)：1570-1578.

吴吉春，盛煜，于晖，等. 祁连山中东部的冻土特征(Ⅰ)：多年冻土分布[J]. 冰川冻
　　土，2007，29(3)：418-425.

许继军，杨大文. 基于分布式水文模拟的干旱评估预报模型研究[J]. 水利学报，2010，
　　41(6)：739-747.

阳勇，陈仁升，叶柏生. 寒区典型下垫面冻土水热过程对比研究(Ⅰ)：模型对比[J]. 冰
　　川冻土，2013，35(6)：1545-1554.

杨大文，李翀，倪广恒，等. 分布式水文模型在黄河流域的应用[J]. 地理学报，
　　2004(1)：143-154.

姚檀栋，秦大河，沈永平，等. 青藏高原冰冻圈变化及其对区域水循环和生态条件的影
　　响[J]. 自然杂志，2013(3)：179-186.

姚檀栋，姚治君. 青藏高原冰川退缩对河水径流的影响[J]. 自然杂志，2010(1)：4-8.

张杰，李栋梁. 祁连山及黑河流域降雨量的分布特征分析[J]. 高原气象，2004(1)：81-88.

张廷军. 全球多年冻土与气候变化研究进展[J]. 第四纪研究，2012，32(1)：27-38.

张伟，王根绪，周剑，等. 基于 CoupModel 的青藏高原多年冻土区土壤水热过程模
　　拟[J]. 冰川冻土，2012，34(5)：1099-1109.

张中琼，吴青柏. 气候变化情景下青藏高原多年冻土活动层厚度变化预测[J]. 冰川冻
　　土，2012，34(3)：505-511.

周剑，王根绪，李新，等. 高寒冻土地区草甸草地生态系统的能量-水分平衡分析[J].
　　冰川冻土，2008(3)：398-407.

在学期间发表的学术论文与研究成果

[1] **Wang Yuhan**, Chen J, Yang D. Bayesian assimilation of multi-scale precipitation data and sparse ground gauge observations in mountainous areas[J]. Journal of Hydrometeorology, 2019, 20(8):1473-1494. (SCI 收录, 检索号: IL1QV, 影响因子: 3.790)

[2] **Wang Yuhan**, Yang H, Gao B, Wang T, Qin Y, Yang D. Frozen ground degradation may reduce future runoff in the headwaters of an inland river on the northeastern Tibetan Plateau[J]. Journal of Hydrology, 2018, 564: 1153-1164. (SCI 收录, 检索号: GU5HI, 影响因子: 3.727)

[3] **Wang Yuhan**, Yang H, Yang D, Qin Y, Gao B, Cong Z. Spatial interpolation of daily precipitation in a high mountainous watershed based on gauge observations and a regional climate model simulation[J]. Journal of Hydrometeorology, 2017, 18(3):845-862. (SCI 收录, 检索号: EY9VN, 影响因子: 3.790)

[4] 王宇涵, 杨大文, 雷慧闽, 杨汉波. 冰冻圈水文过程对黑河上游径流的影响分析[J]. 水利学报, 2015, 46(9): 1064-1071. (EI 收录, 检索号: 20154401453897)

[5] Gao B, Qin Y, **Wang Yuhan**, Yang D, Zheng Y. Modeling ecohydrological processes and spatial patterns in the upper Heihe Basin in China[J]. Forests, 2016, 7(1), 10. (SCI 收录, 检索号: DC8TU, 影响因子: 1.956)

[6] Gao B, Yang D, Qin Y, **Wang Yuhan**, Li H, Zhang Y, Zhang T. Change in frozen grounds and its effect on regional hydrology in the upper Heihe Basin, on the Northeastern Qinghai-Tibetan Plateau[J]. The Cryosphere, 2018, 12(2):657-673. (SCI 收录, 检索号: FX3ZA, 影响因子: 4.524)

[7] Wang T, Yang D, Qin Y, **Wang Yuhan**, Chen Y, Gao B, and Yang H. Historical and future changes of frozen ground in the upper Yellow River Basin[J]. Global and Planetary Change, 2018, 12:199-211. (SCI 收录, 检索号: GA0JS, 影响因子: 3.982)

[8] Ruan H, Zou S, Yang D, **Wang Yuhan**, Yin Z, Lu Z, Li F, Xu B. Runoff simulation by SWAT model using high-resolution gridded precipitation in the upper Heihe River Basin, northeastern Tibetan Plateau[J]. Water, 2017, 9(11): 866 (SCI 收录, 检索号: FO4FY, 影响因子: 2.069)

[9] Qin Y, Lei H, Yang D, Gao B, **Wang Yuhan**, Cong Z, Fan W. Long-term change in the depth of seasonally frozen ground and its ecohydrological impacts in the

Qilian Mountains, northeastern Tibetan Plateau[J]. Journal of Hydrology, 2016, 542C:204-221. (SCI 收录，检索号：EC6LU，影响因子：3.727)

[10]　Wang T, Yang H, Yang D, Qin Y, **Wang Yuhan.** Quantifying the streamflow response to frozen ground degradation in the source region of the Yellow River within the Budyko framework. Journal of Hydrology, 2018, 558:301-313. (SCI 收录，检索号：FZ1LU，影响因子：3.727)

[11]　Wang T, Yang D, Fang B, Yang W, Qin Y, **Wang Yuhan.** Data-driven mapping of the spatial distribution and potential changes of frozen ground over the Tibetan Plateau[J]. Science of the Total Environment, 2019, 649:515-525. (SCI 收录，检索号：GV4NL，影响因子：4.610)

[12]　Qin Y, Yang D, Gao B, Wang T, Chen J, Chen Y, **Wang Yuhan**, and Zheng G. Impacts of climate warming on the frozen ground and eco-hydrology in the Yellow River source region, China[J]. Science of the Total Environment, 2017, 605: 830-841. (SCI 收录，检索号：FE5TZ，影响因子：4.610)

致　　谢

衷心感谢我的导师杨大文教授。自我 2013 年进入课题组至今,六年时光荏苒,我从课题组年级最低的本科生成长为组里的大师兄,这六个年头的学习与成长始终离不开杨老师的悉心指导和无私帮助。杨老师在学术上一丝不苟,从本科毕业设计到每一篇 SCI 论文的撰写,再到博士论文的选题、撰写与修改,杨老师指导了我在学术上的每一步。在生活中,杨老师为人谦和,对每一位同学都抱有极大的包容,常常鼓励我勇于探索、多做尝试。杨老师严谨勤奋的工作态度和正直求实的科研精神在六年来不断地感染着我,成为了我学习工作以至于今后人生道路上中最好的榜样。

感谢我的国外导师——美国劳伦斯伯克利国家实验室(LBNL)的陈劲松教授。在我美国 10 个月的访学交流期间,陈老师给予了我无私的关怀和帮助。陈老师悉心指导我贝叶斯模型等相关理论知识,并为我的论文撰写提供了许多宝贵的建议,使我顺利完成了博士研究中很重要的一部分。感谢在美国交流期间遇到的同学们,他乡遇故知使我在异国的生活更加温馨和丰富多彩。同时,也要特别感谢国家留学基金委为我出国学习交流提供的资助。

感谢水利系倪广恒教授、王忠静教授、傅旭东教授、黄跃飞教授、尚松浩副教授、李丹勋副教授等老师,他们在博士论文选题报告和预答辩环节为我提供了许多宝贵的建议。

感谢 Hydroyang 课题组的杨汉波、雷慧闽、唐莉华和杨雨亭老师,他们在我博士生活期间经常给予我指导和帮助。感谢课题组的高冰老师和徐翔宇、张权、李哲、许凯、焦阳、王艾、龚婷婷、秦越、张树磊、王思如等师兄师姐对我的鼓励和关怀,以及郑冠恒、生名扬、王泰华、卢韦伟、石睿杰、杨舒毓、赵宝旭等师弟师妹在最终论文修改校对中的热情帮助和建议。

感谢我的同学缪清华、傅汪、唐国强、王腾飞、徐冉、李栋楠、王福山,以及新水 332 办公室的所有同学,让我在博士期间度过了一段快乐而难忘的时光。

感谢我的父亲母亲和所有家人,是他们自始至终一直支持着我在求学的路上不断奋进,是他们一如既往的支持让我得到了到清华大学求学的机会。